JN024784

たのしくできる

深層学習＆深層強化学習による電子工作 Chainer編

牧野 浩二／西﨑 博光［著］

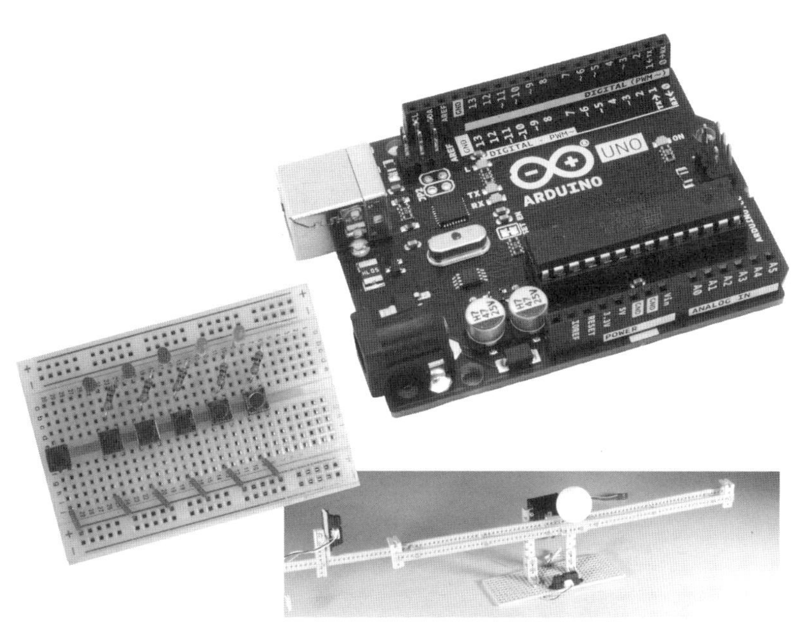

東京電機大学出版局

本書に記載されている社名および製品名は，一般に各社の商標または登録商標です。本文中では TM および ® マークは明記していません。

まえがき

近年，深層学習（ディープラーニング）をもとにする人工知能研究が盛んに行われています。たとえば，機械翻訳の精度がほぼ人間と同程度になるなど，以前は難しかったことができるようになってきました。さまざまな製品にも応用され，たとえばアメリカにおいて深層学習技術を利用した自動診断システムが正式に認可されたというニュースがありました。今後も多くの分野で深層学習は成果を上げることと思います。このような深層学習の多くは，パソコン内の画像などのデータベースを利用しています。そのため，実際に手で持てるデバイスを使ってリアルタイムに深層学習を利用するフィジカルコンピューティングという観点で見ると，未開発の分野がたくさんあるように思います。

本書は「電子工作×深層学習」をテーマとし，深層学習を電子工作で利用するための方法を紹介しています。現在，深層学習を利用するデバイスの作成や深層学習の実社会への応用の期待は高く，それらを用いた技術の需要が高いと思われます。一方，深層学習ができても電子回路の知識が不足していたり，電子回路はできるが深層学習がわかっていなかったりするなど，これら2つの技術を自由自在に使いこなすことができずに困っている方も多くいることも実感しています。そこで本書では，どちらか一方の知識だけしか持ち合わせていない場合でも理解していただけるように，電子回路と深層学習の双方について丁寧な説明を心掛けました。これにより，深層学習も電子工作も，あるいはどちらも得意ではない方にも読みやすくなっていると思います。一方，どちらか片方の専門家の方には退屈な面があるかもしれませんが，本書はこのような意図のもとで執筆されていることをご理解いただけると幸いです。

本書は深層学習だけではなく深層強化学習までを幅広くカバーしています。深層強化学習はコンピュータ自ら成長していくという特徴があり，ロボットとの親和性がとても高い技術です。本書では，まず，深層学習と深層強化学習の基礎の説明から行います。その後，電子工作の基礎，それらを連携させる方法といった具合に，1つずつ丁寧に説明しています。これらの説明の後で深層学習と電子工作を連携させた応用例について説明しています。応用例は1章につき1つ書かれています。前後のつながりはありません（ある場合は注意書きがあります）ので，ご興味のある例からお読みください。本書が，電子工作×深層学習に興味を持つ皆様にとって有益な一冊となりましたら幸いです。

本書出版の直前，株式会社 Preferred Networks から Chainer の開発中止のニュースがリリースされました。本書は Chainer を利用していますが，Chainer の保守はしばらく続くため本書で学んでいただいても問題はございません。本書で深層学習の考え方を学んでいただければほかのフレームワークに移行することになっても，たやすく受け入れることができると思います。

本書の執筆にあたり，電子回路の試作と動作検証を行っていただいた山梨大学大学院医工農学総合教育部の劉震さん，プログラムに関する助言や作成補助を行っていただいた同教育部 LEOW CHEE SIANG さんには深く感謝いたします。また，筆者らが所属する山梨大学工学部附属ものづくり教育実践センターおよびメカトロニクス工学科の教職員の方々，筆者らの所属している研究室の大学生・大学院生からも陰ながらご支援いただきました。末筆ではありますが，東京電機大学出版局の吉田拓歩氏のご尽力がなければ本書が世に出ることはなかったでしょう。ご協力いただいたすべての皆様に今一度感謝の意を表します。

2020 年 3 月

牧野浩二・西﨑博光

目 次

第10章 深層学習でジェスチャーを分類 -リカレントニューラルネットワーク-

第11章　深層強化学習で手順を学ぶ

第12章　深層強化学習でボールアンドビーム

Tips

第1章 深層学習の準備をしよう

電子工作によって計測したデータを使って深層学習（ディープラーニングとも呼ばれます）を行ったり，深層学習で学習した結果を使って電子工作を動かしたりすることで，**「深層学習と現実の世界をつなぐ工作」**を行います。本書では Windows 搭載のパソコンと Arduino を連携させることで，モノを動かしていきます。

まずはじめに，深層学習とは何かについて簡単に説明します。そして，Windows パソコン上で深層学習を使うための準備を行い，サンプルプログラム*1 で確認を行います。いきなり難しいことをするのではなく，少しずつステップアップしていきましょう。

＊1　本書では Arduino のプログラムと Python のプログラムを作ります。区別しやすくするために Arduino のプログラムを「スケッチ」，Python のプログラムを「スクリプト」と呼びます。また，両方を示すときはプログラムと呼ぶこととします。

1.1 深層学習とは

深層学習によってさまざまなことができるようになってきました。たとえば，画像の認識率が人間を超えた，小説を書いた，将棋や囲碁が人間より強くなったなど，いろいろなニュースが出てきています。

実は深層学習は，ニューラルネットワークと呼ばれる，30 年以上も前に開発された手法の発展版です。さらに，ニューラルネットワークのもととなったパーセプトロンまでさかのぼると 50 年近く前から研究されている手法です。この深層学習の歴史を図 1.1 にまとめておきます。

深層学習はニューラルネットワークから発展したものだけでなく，図 1.1 に示すように強化学習から発展したものの 2 種類があります。強化学習に深層学習が組み込まれたものは，深層学習と区別して**深層強化学習**と呼ばれます。また，深層学習にはいくつかの種類（畳み込みニューラルネットワーク，リカレントニューラルネットワークなど）があり，それらを組み合わせたさまざまな深層学習も提案されています。さらに，深層学習と深層強化学習を組み合わせた学習手法も考えられています。

深層学習と深層強化学習は似ていますが，学習の仕方が違います。深層学習は学習するときに多くの場合，データとその答え（ラベル）がセットになったものを使って学習します。これは**教師あり学習**と呼ばれる学習方法です。深層学習は画像認識や小説を書くなどに利用されています。一方，深層強化学習は良い状態と悪い状態を決めておくだけで後は自動的に学習します。これは**半教師あり学習**と呼ばれています。深層強化学習は将棋や囲碁などのように勝ち負けははっきりしているけれども，途中はどちらが良いのかはっきりしない問題に利用されています。本書では，深層学習を使った電子工作と深層強化学習を利用した電子工作の両方を扱います。

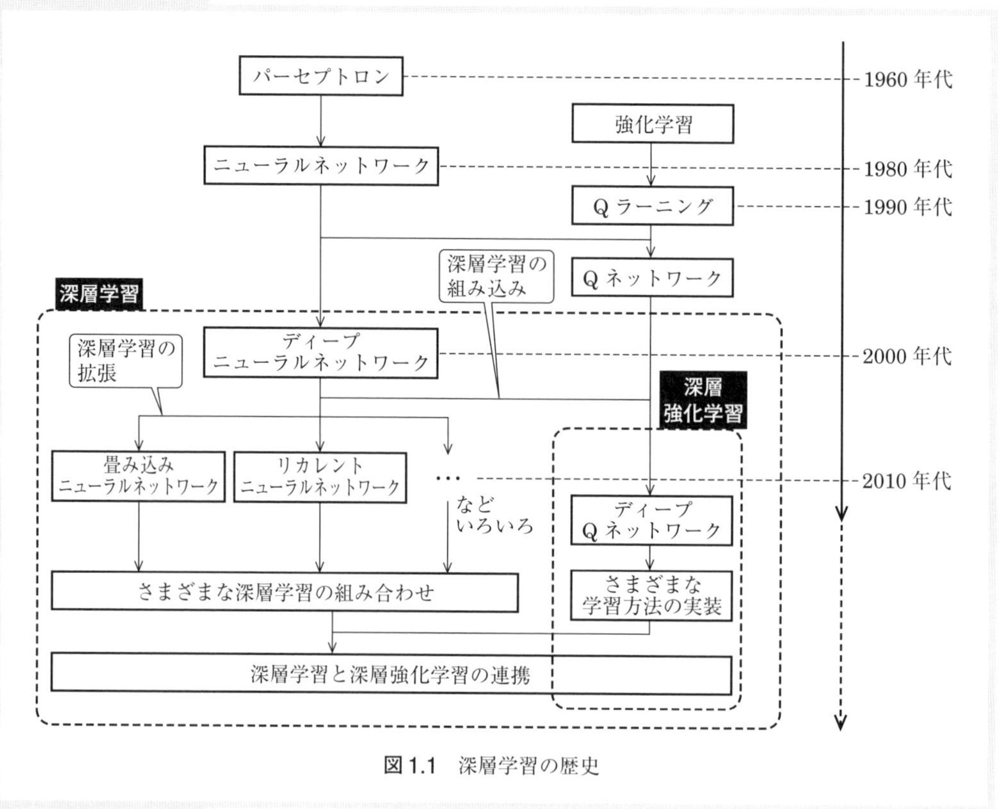

図 1.1　深層学習の歴史

深層学習や深層強化学習をはじめからプログラムすることは非常に難しいのですが，さまざまな企業から無料で公開されている深層学習や深層強化学習用のライブラリやフレームワークがあります*2。これを使うと初学者でも比較的簡単に深層学習を使うことができます。ライブラリやフレームワークにはいろいろな種類がありますが，本書では Chainer を使うこととします。Chainer は Preferred Networks 社（日本の企業）が公開している，深層学習のためのフレームワークです。Chainer は Python で使うことが前提となっています*3。公式には Linux OS での動作を想定していますが，本書では Windows に Anaconda をインストールして Chainer を使うことにします。

*2　Google Inc. の TensorFlow や Facebook Inc. の PyTorch，Microsoft の The Microsoft Cognitive Toolkit（CNTK）など世界の名だたる企業。

*3　Chainer に限らず多くの深層学習のためのライブラリやフレームワークは Python 用として提供されています。

1.2 Anaconda のインストール

Windows で Python を動かすためには Anaconda というソフトウェアを使います。このソフトウェアは無料です。まずはソフトウェアのインストールを行います。

Anaconda のホームページ（https://anaconda.org/）を開くと図 1.2 が表示されますので，「Download Anaconda」をクリックします。

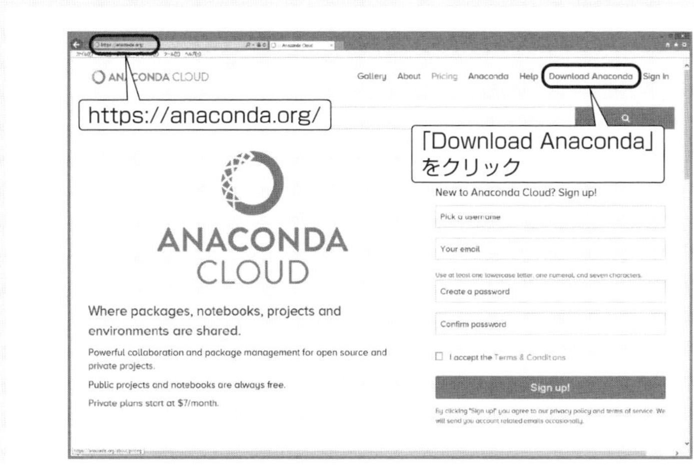

図 1.2　Anaconda の公式ホームページ（トップページ）

少し下にページを送ると，図 1.3 のような画面が出てきます。Python 3.6 version の「Download」をクリックします。

その後，「repo.anaconda.com から Anaconda3-5.1.0-Windows-x86_

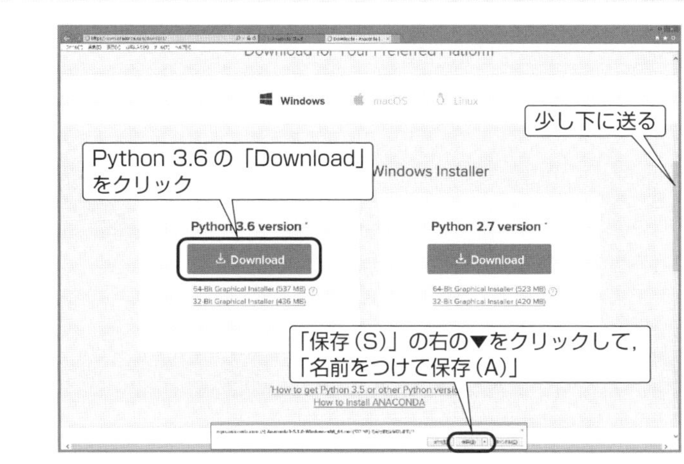

図 1.3　Anaconda の公式ホームページ（バージョンの選択）

64.exe（537MB）を開くか，または保存しますか？*4」と聞かれますので，「保存（S）」の右の▼をクリックして，「名前を付けて保存（A）」を選びましょう。保存先は，たとえば，デスクトップとします。

ダウンロードしたファイルをダブルクリックすると図 1.4 のようなダイアログが表れてインストールがはじまります。

*4　5.1.0は執筆時のバージョンですので，異なる場合があります。

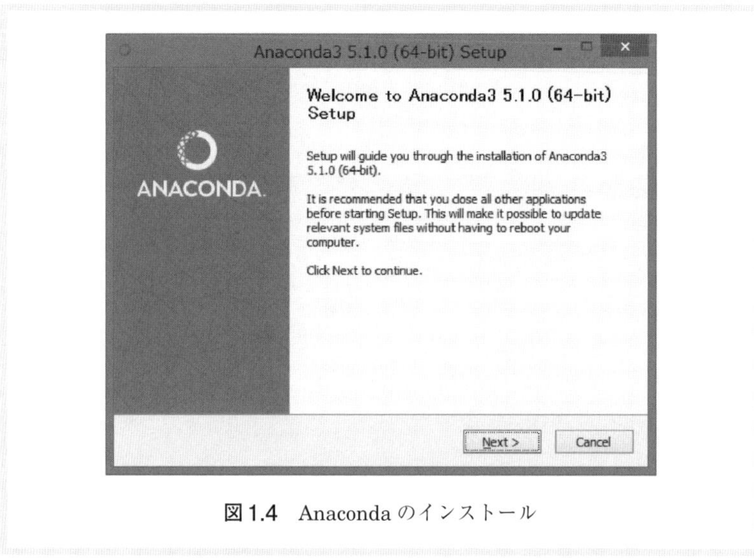

図 1.4　Anaconda のインストール

その後，以下の順で設定することでインストールが進みます。なお，この手順は筆者が行った手順ですので，ご自身の実行環境に合わせて変更していただいて構いません。

インストール手順

1. Welcome to Anaconda3 5.1.0(64bit) Setup（図 1.4）
   インストールの開始のためのダイアログが表示されますので，「Next」をクリック
2. License Agreement
   ライセンスが表示されますので，同意できれば「I Agree」をクリック
3. Select Installation Type
   インストールの種類を聞かれますので，「Just Me」を選択してから「Next」をクリック
4. Choose Install Location
   インストール先を選択するダイアログが表示されますので，特に問題がなければフォルダの変更をせずに「Next」をクリック
5. Advanced Installation Options
   パスの設定をするかどうか聞かれますので，「2 つのチェックボックスの両方にチェック*5」をしてから「Install」をクリック

*5　ダイアログが表示された直後はチェックは1つだけです。

6. Installing
インストールがはじまるのでしばらく待ち，インストール終了後「Next」をクリック
7. Anaconda3 5.1.0 (64-bit)
Microsoft VS Code というエディタのインストールをするかどうか聞かれますが，本書では使用しないためここでは「skip」をクリック*6
8. Thanks for installing Anaconda3!
インストールが終了しましたので「Finish」をクリック

*6 インストールする場合は「Install Microsoft VS Code」をクリックします。

本書では，エディタを使ってスクリプトを書き，プロンプトからコマンドで実行することを想定します。エディタとは Windows のメモ帳のようなものです。Python スクリプトを書くときは文字コードとして utf-8 を使用します。メモ帳は文字コードを変えることができないので不向きです。お勧めは以下の 3 つのエディタと VS Core です。

- TeraPad（https://tera-net.com/library/tpad.html）
- サクラエディタ（https://sakura-editor.github.io/download.html）
- Notepad++（https://notepad-plus-plus.org/）
- VS Code（Visual Studio Code）（https://code.visualstudio.com/）

特に，上記のインストール手順の 7 番で，VS Code のインストールを行う手順が出てきます。本書では扱いませんが，VS Code は Python スクリプトを書いたり実行したりすることができる統合開発環境です。

1.3 Python スクリプトの実行

本書では Anaconda を起動すると表示されるプロンプトにコマンドを入力することで Python スクリプトを実行します。インストールの確認とその手順を示すために「`Hello, Deep Learning!`」と表示するだけのスクリプト作成をして，実行します。

まずは，ドキュメントフォルダに DLR フォルダ*7 を作ります。

次に，エディタでリスト 1.1 に示すスクリプトを作成します。そして，DLR フォルダの下に ch1 フォルダを作り，さらにその下に Hello フォルダを作成します。その中にこのスクリプトを hello.py という名前で保存します。このとき，文字コードを utf-8 としてください。上記に紹介した VS Code 以外の 3 つのエディタでは図 1.5 に示す各部分をクリックすることで変更できます。

*7 例として作るフォルダです。名前は自由に付けて構いませんが日本語ではない方が良いです。なお，Deep Learning Robot の頭文字をフォルダ名にしています。

▶リスト 1.1◀　簡単な Python スクリプト（Python 用）：hello.py

```
# -*- coding: utf-8 -*-
print('Hello, Deep Learning!')
```

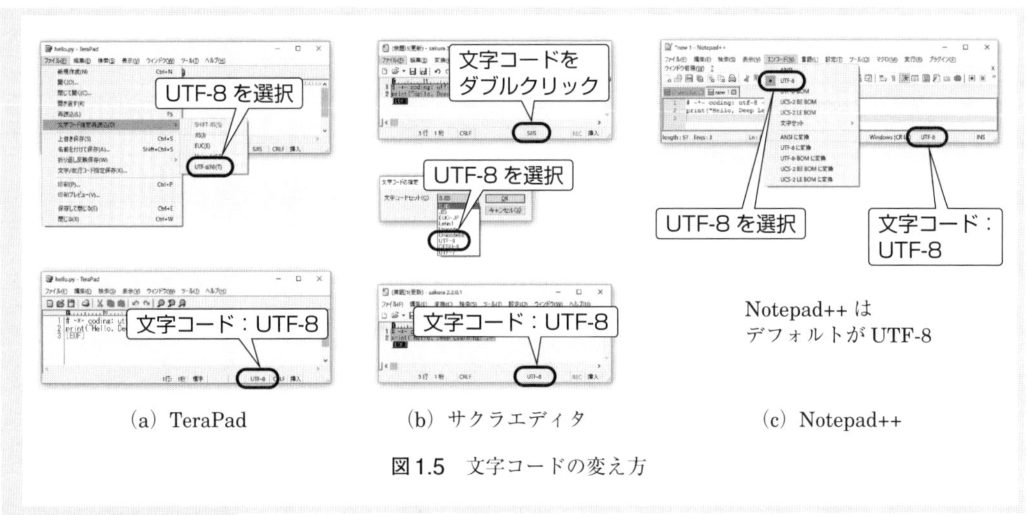

（a）TeraPad　（b）サクラエディタ　（c）Notepad++

図 1.5　文字コードの変え方

作成した hello.py を実行します。「Anaconda Prompt *8」を実行して，図 1.6 のようなプロンプトウィンドウを開きます。

＊8　スタートメニューの Anaconda フォルダの中にあります。もしくは Windows のホーム画面の左下の検索に Anaconda Prompt と入力してください。

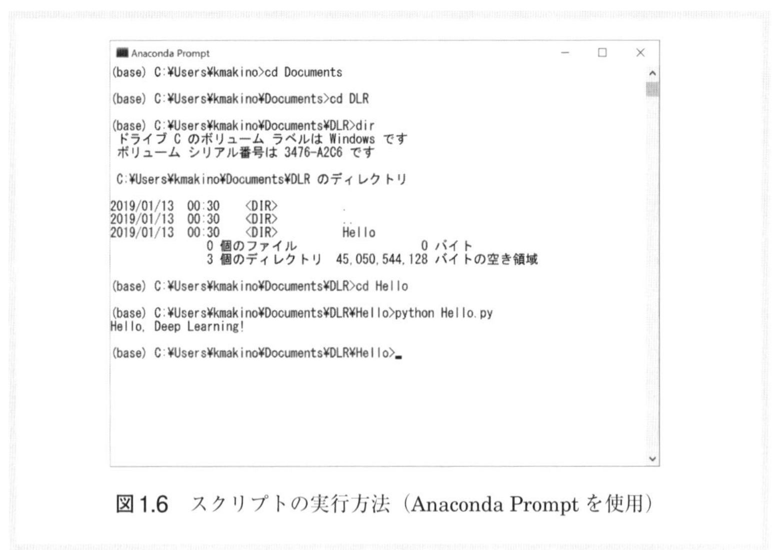

図 1.6　スクリプトの実行方法（Anaconda Prompt を使用）

プロンプト上で cd コマンドを実行してフォルダ間を移動します。なお，本書では > の後ろの部分がコマンドとなり，> がない部分は実行結果を示しています。そして，dir コマンドを入力するとそのフォルダの内容が表示されます。

```
>cd Documents
>cd DLR
>cd ch1
>dir
Hello
```

その後，以下のコマンドでHelloフォルダに移動した後，2行目に示すpythonからはじまるコマンドでhello.pyを実行します。実行結果として「Hello, Deep Learning!」が表示されます。

```
>cd Hello
>python hello.py
Hello, Deep Learning!
```

なお，今後はリストが格納されているフォルダに移動しているものとして説明します。たとえば，リスト2.1のcount.pyを実行するときはcdコマンドでDocument→DLR→ch2→Countへフォルダを移動しているものとして説明を行います。

1.4 ChainerとChainerRLのインストール

2種類のフレームワーク*9をインストールします。1つは深層学習のためのChainerであり，もう1つは深層強化学習のためのChainerRLです。Anaconda Promptを起動してから以下のコマンドを入力することで，2つのフレームワークをインストールします*10。インストールには数分から十数分かかります。なお，本書では表示していませんが，これらのコマンドを実行するとたくさんの実行ログが表示されます。

*9 フレームワークとは，スクリプトを作るときに使われるライブラリに加えて，このライブラリを使えるようにするための「骨組み」も一緒に提供されているものをいいます。Windowsでは.NET Frameworkがそれにあたります。

*10 深層学習は急激な進歩を遂げていますので，フレームワークのバージョンアップが頻繁に行われます。そのため，本書で確認済みのバージョンでインストールを行うためにバージョン情報を付けてインストールを行います。

```
> pip install chainer==5.2.0
> pip install chainerrl==0.4.0
```

インストールの確認のために，以下のコマンドを入力します。pythonと入力すると，>>>と表示されます。これはPythonのターミナルに入ったことを示しています。その後importからはじまるコマンドを入力して，「何も表示されなければ」インストールが成功しています。ターミナルを終えるときはCtrl + DもしくはCtrl + Zを押した後でEnterを押します。

```
>python
>>>import chainer
>>>import chainerrl
>>>    ← Ctrl+DもしくはCtrl+Zを押してからEnter
```

第2章 Chainerによる深層学習の基本

Chainerを使った深層学習の説明から行います。深層学習の基本的な使い方を知らないと電子工作やスクリプトの改造が難しくなりますので，まずは簡単なスクリプト*1を例にとりChainerをどのように使うかを説明します。その後，ファイルに書かれた学習データを読み取って学習する方法を説明します。これにより，読者の皆様が用意した学習データを使って深層学習ができるようになります。そして，深層学習で得られた**モデル**という学習結果を使って，テストデータを分類してみます。

*1 Pythonのプログラムはスクリプトと呼びます。

2.1 深層学習の基本構造

深層学習の構造について説明します。深層学習はニューラルネットワークが進化したものです。図2.1 (a) に，ニューラルネットワークを表す図を示します。この図中の丸印を**ノード**，ノードをつなぐ線を**リンク**と呼びます。ニューラルネットワークは，通常，図2.1 (a) に示すような中間層が1層のネットワークです。そして，深層学習で用いるニューラルネットワークは図2.1 (b) のように表すことができます。深層学習で用いるニューラルネットワークは図2.1 (b) に示すようにネットワークの中間層の数が増えてかつノードの数*2も増えるなどして構造が複雑になります。

*2 入力の数，中間層のノード数，出力の数はそれぞれ，入力の次元，中間層のノードの次元，出力の次元とも呼ぶことがあります。

深層学習のスクリプトを作るときには大きく以下の2つを決めることになります。

- ネットワークの構造
- ネットワークの計算方法

ネットワークの構造を決めるとは，中間層をいくつにするのか，中間層のノードの数をいくつにするのか，などを決めることになります。ネットワークの計算方法については次節以降に説明します。

そして，学習とはネットワークの中のリンクに割り当てられた変数をうまく調整して，ある入力を入れたら望み通りの答えが出てくるようにすることをいいます。この学習によって得られたネットワークは**学習モデル**（単に**モデル**）と呼ばれています。深層学習を使うとは，この**学習モデル**を用いて，新たなテストデータを入れて答えを出すことです。具体的には，図2.2に示す手順で深層学習を使います。

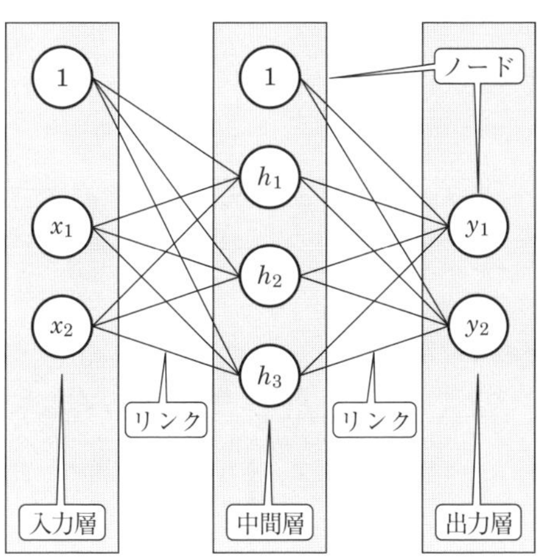

（a）ニューラルネットワーク

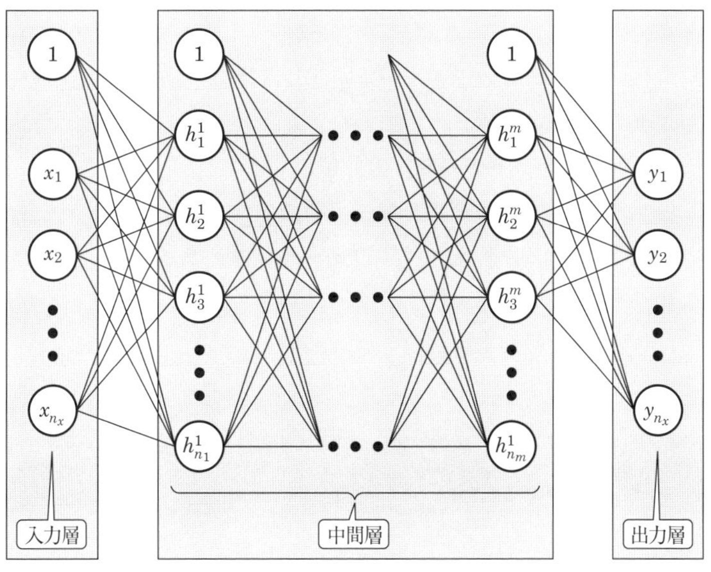

（b）深層学習

図 2.1　深層学習の構造

① **【学習データ】の作成**

学習データとは【入力データ】(センサやカメラから得られるデータ）と，【ラベル】*3（そのデータが何を表すのか人間が作る答えとなるデータ）をセットにしたものです。

② **【学習モデル】の作成**

学習データを大量に使って学習を行うことで学習モデルを作ります。学習データは【訓練データ】と【検証データ】に分けて使います*4。訓練データは学習モデルを生成するために用い，検証デー

*3　教師データとも呼ばれます。

*4　訓練データと検証データが同じでも構いません。また，検証データを使わなくても学習はできます。

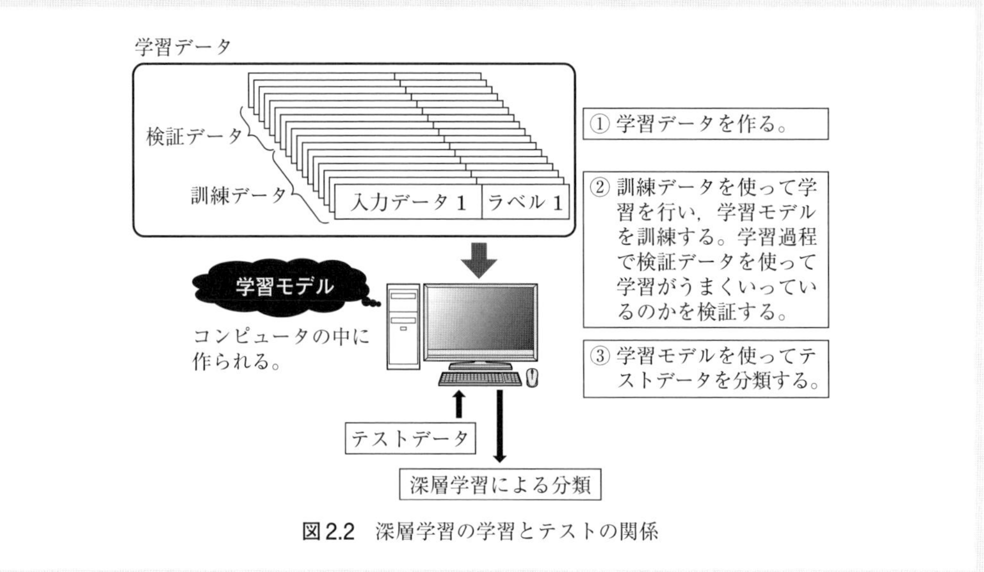

図 2.2　深層学習の学習とテストの関係

タはその学習モデルがどれだけよく分類できるかを検証するために用います。

③　【テストデータ】の分類

学習モデルを使って新たに作成したテストデータを分類します。テストデータは学習データには含まれていないデータとなります。深層学習を使うとは学習モデルを用いたテストデータの分類のことを指します。

2.2　深層学習のサンプルスクリプト

深層学習の簡単なスクリプトを例にとって説明します。リスト 2.1 に示すスクリプト*5 は 3 ビットの 2 進数（000, 001, 010, 011, 100, 101, 110, 111）の中にいくつ 1 が含まれているかを学習するスクリプトです。Chainer のスクリプトは長く感じるかもしれませんが，多くの部分は今後そのまま使うので，実際に変更しなければならない部分はわずかです。

*5　ダウンロードできるプログラム（スクリプトとスケッチを合わせて示すときにプログラムと表記）と本に掲載しているリストのプログラムの行数は異なっています。ダウンロードできるプログラムはコピーライトや解説のためのコメントを追記しているためです。

実行方法と，実行後の表示を示します。このスクリプトの名前が count.py であり，それが Count フォルダにあるものとします。フォルダ構造は次に示すものとします。この後の章でもこのようにスクリプトの名前の頭文字を大文字にしたフォルダにスクリプトが入っています。

```
Count
|-count.py
```

▶リスト 2.1◀ 入力データ中の 1 の数を数えるスクリプト（Python 用）：count.py

```
# -*- coding: utf-8 -*-
import numpy as np
import chainer
import chainer.functions as F
import chainer.links as L
import chainer.initializers as I
from chainer import training
from chainer.training import extensions

class MyChain(chainer.Chain):
    def __init__(self):
        super(MyChain, self).__init__()
        with self.init_scope():
            self.l1 = L.Linear(3, 6) # 入力 3，中間層 6
            self.l2 = L.Linear(6, 6) # 中間層 6，中間層 6
            self.l3 = L.Linear(6, 4) # 中間層 6，出力 4
    def __call__(self, x):
        h1 = F.relu(self.l1(x))
        h2 = F.relu(self.l2(h1))
        y = self.l3(h2)
        return y

epoch = 1000
batchsize = 8

# データの作成
trainx = np.array(([0,0,0], [0,0,1], [0,1,0], [0,1,1], [1,0,0], [1,0,1], [1,1,0],[1,1,1]), dtype=np.float32) # 入力データ
trainy = np.array([0, 1, 1, 2, 1, 2, 2, 3], dtype=np.int32) # ラベル（教師データ）
train = chainer.datasets.TupleDataset(trainx, trainy) # 訓練データ
test = chainer.datasets.TupleDataset(trainx, trainy) # 検証データ

# ニューラルネットワークの登録
model = L.Classifier(MyChain(), lossfun=F.softmax_cross_entropy)
#chainer.serializers.load_npz("result/out.model", model)
optimizer = chainer.optimizers.Adam()
optimizer.setup(model)

# イテレータの定義
train_iter = chainer.iterators.SerialIterator(train, batchsize) # 訓練用
test_iter = chainer.iterators.SerialIterator(test, batchsize, repeat=False, shuffle=False) # 検証用

# アップデータの登録
updater = training.StandardUpdater(train_iter, optimizer)

# トレーナーの登録
trainer = training.Trainer(updater, (epoch, 'epoch'))

# 学習状況の表示や保存
trainer.extend(extensions.LogReport()) # ログ
```

```
trainer.extend(extensions.Evaluator(test_iter, model)) # エポック数の表示
trainer.extend(extensions.PrintReport(['epoch', 'main/loss',
    'validation/main/loss','main/accuracy', 'validation/main/
    accuracy', 'elapsed_time'] )) # 計算状態の表示
#trainer.extend(extensions.dump_graph('main/loss')) # ニューラルネットワーク
    の構造
#trainer.extend(extensions.PlotReport(['main/loss', 'validation/main/loss'],
    'epoch', file_name='loss.png')) # 誤差のグラフ
#trainer.extend(extensions.PlotReport(['main/accuracy', 'validation/main/
    accuracy'],'epoch', file_name='accuracy.png')) # 精度のグラフ
#trainer.extend(extensions.snapshot(), trigger=(10, 'epoch'))
    # 再開のためのファイル出力
#chainer.serializers.load_npz("result/snapshot_iter_50", trainer)
    # 再開用

# 学習開始
trainer.run()

# モデルの保存
chainer.serializers.save_npz("result/out.model", model)
```

以下のコマンド（python count.py）で実行することができます。一番左の数字が1000になると終了します。

```
>cd Count
>python count.py
epoch       main/loss   validation/main/loss  main/
accuracy  validation/main/accuracy  elapsed_time
1      1.77142      1.76333      0.125      0          0.0123905
2      1.76333      1.75516      0          0          0.0370139
(中略)
354    0.859281     0.857918     0.375      0.375      9.49463
355    0.857918     0.856505     0.375      0.5        9.52956
356    0.856505     0.855105     0.5        0.5        9.56446
(中略)
999    0.190415     0.19005      1          1          39.4493
1000   0.19005      0.189641     1          1          39.5106
```

2.3 スクリプトの解読

Chainerのスクリプトの構造を，リスト2.1に示した3ビットの2進数の中の1の数を分類するものを例にとって説明します。この関係を表にまとめると表2.1となります。

ここでは図2.3に示す中間層を2つ持つネットワークを作ります。丸印はノード，ノードをつなぐ線はリンクです。深層学習では中間層の数をいくつにするのか（この例では2層），各層のノードの数をいくつにするのか（この例では6個）を決める必要があります*6。そして，「どの計算を使うのか」も決めます。Chainerでは深層学習でよく用いられ

*6　それぞれの層でノード数を変えることはできますが，同じ数とする場合が多いです。

表2.1 0と1からなる3ビットの入力の1の個数

入力	答え	入力	答え
000	0	100	1
001	1	101	2
010	1	110	2
011	2	111	3

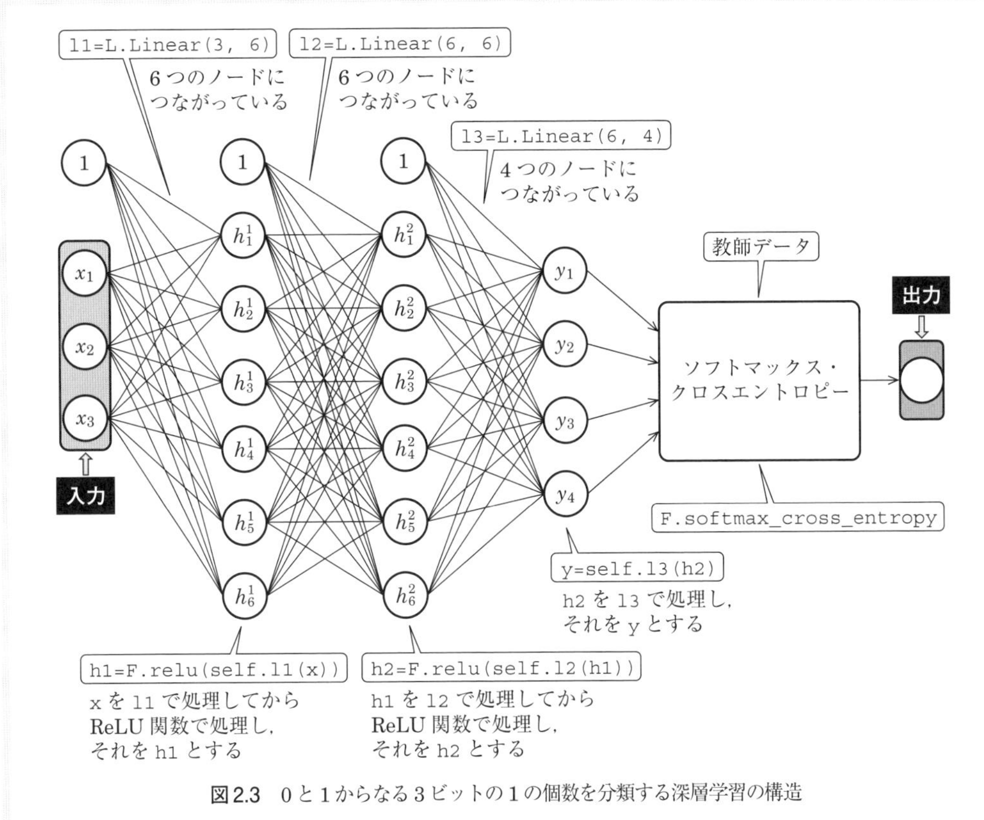

図2.3 0と1からなる3ビットの1の個数を分類する深層学習の構造

る計算を使うための関数が用意されています。

このスクリプトを理解しておくことはこの後の節で重要となりますので，しっかりと説明をします。

1. **ライブラリの設定（2〜8行目）** まずはじめにライブラリを読み込んでいます。4行目以降は Chainer の関数を使いやすくするための省略形ですので必ずしも必要はありませんが，Chainer の公式サンプルに合わせて設定しています。
2. **ネットワークの設定（10〜21行目）** ネットワークを設定しています。14〜16行目でリンクを設定しています。そして，18〜20行目で各ノードの計算を設定しています。

まず，リンクについて図 2.3 と対応させながら説明します。入力の数は 3 つなので入力層のノードを 3 に設定しています（14 行目の第 1 引数）。そして，それがノードの数が 6 個の中間層につながっていることを設定しています（14 行目の第 2 引数）。15 行目はノードの数が 6 個の中間層が，同じくノードの数が 6 個の中間層につながっていることを示しています。同様に 16 行目はノードの数が 6 個の中間層がノードの数が 4 つの出力層につながっていることを示しています。表 2.1 に示すように出力層のノード数は答えとして 0～3 までの 4 通りあることから 4 に設定します。

次に，ノードの計算について説明します。ノードとは，ある値を入れておく入れ物だと考えてください。図 2.1 や図 2.3 をよく見ると 1 つのノードに対して，その左に書かれた層のノードがすべてつながっていることがわかると思います。右のノードの値は左に書かれたノードに深層学習で自動的に決まる，**重み**というものをかけて足し合わせて求めています。これをニューラルネットワークの線形計算と呼びます。そして，その求めた値をどう処理するかを 18～20 行目で決めています。この例では ReLU 関数というものを使っています。この関数は**活性化関数**[*7] と呼ばれており，この関数の選び方で学習がうまくいったり，いかなかったりします。

ReLU 関数以外にも活性化関数が用意されています。ReLU 関数も含めて，よく使う関数を以下にまとめました。

- ReLU 関数（Rectified Linear Unit）
- tanh 関数（hyperbolic tangent，双曲線正接）
- シグモイド関数（sigmoid）
- Leakly ReLU 関数

3. **学習データの設定（27～30 行目）** 学習データを設定しています。trainx は入力データで，trainy はラベル（教師データ）[*8] です。これをタプル化[*9] して，学習モデルを生成するための訓練データ（train）と，学習がうまくいっているかどうかを検証するための検証データ（test）を作っています。この例では学習データはすべてスクリプトの中に書いてありますが，通常はファイルなどから読み取ることとなります。ファイルからデータを読み取る方法は 2.4 節で示します。

また，この例では学習データが 8 個しかないので，訓練データと検証データを分けずに同じ学習データを用います。深層学習では学習データが 100 個以上，場合によっては数十万個以上あるのが普通です。その場合，たとえば 80％を訓練データとして使い，残り 20％を検証データとして使う，といったように分けて使います。

＊7　活性化関数とは線形計算後に用いる関数です。この関数で値を変換することでニューラルネットワークの能力が飛躍的に高まります。

＊8　ラベルと教師データは同じです。他書ではラベルと書いてあったり教師データと書いてあったりします。

＊9　タプル化とは変数の型をタプル型へ変更することをいいます。Python では複数のデータを 1 つにまとめるリスト型があり，タプル型もそれに似ていますが，「変更・追加・削除ができない」という特徴があります。

4. **Chainer の設定（33～46 行目）** Chainer の設定をしています。ここで重要なパラメータは以下の 2 点です。

batchsize（ミニバッチサイズ） 深層学習では 1 つの学習データを計算するごとにネットワークを更新するよりも，いくつかの学習データを計算した後にまとめてネットワークを更新した方が良いことが知られています。これを**ミニバッチ学習**といいます。ミニバッチサイズは 1 回の更新で使う学習データの数を設定しています。リスト 2.1 では学習データが少ないので，すべて（8 個）計算してから更新するように設定しています。このように学習データの総数とミニバッチサイズが同じ場合を**バッチ学習**といいます。学習データの数が多くなるとミニバッチサイズは学習データの数よりもずっと小さくします。

学習データが多い場合（たとえば 1000 以上）は，ミニバッチサイズを 10 分の 1 から 100 分の 1 程度に設定することがよくあります。このさじ加減は何度も経験して感覚的に当たりを付ける必要があります。

epoch（エポック数） 学習の繰り返し回数の値です。

5. **学習状態の表示の設定（49～56 行目）** 実行したときにターミナルに表示される学習状態を設定しています。コメントアウトしてある（52～56 行目）部分は 2.6 節を参考にしてください。
6. **実行とモデルの保存（59～62 行目）** 59 行目で実行を開始します。そして，62 行目でモデルを保存しています。

2.4 ファイルの学習データの読み込み

2.3 節の例では学習データ（入力データとラベル）がすべてスクリプト中に書いてありました。しかし，深層学習では大量の学習データが必要になるので，スクリプト中にすべてを書くことはできません。そこで，ここではファイルから学習データを読み込んで，学習モデルを作成する方法を示します。

ここでは，2.2 節と同じ 3 桁の 2 進数の中の 1 の数を答えとする学習データを用います。この方法がわかれば読者の皆様は自分の好きな学習データを扱うことができると思います。

学習データは次ページで示すように，左から 3 つの数字が入力データで，右から 1 つの数字がラベル（答えのデータ）となっています。そしてこれが train_data.txt に保存してあるものとします。

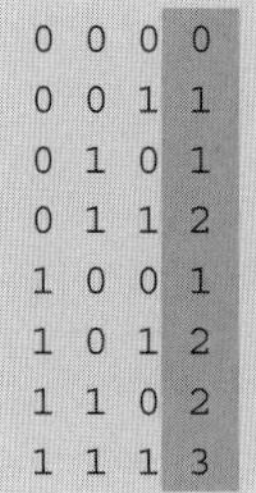

```
0 0 0 0
0 0 1 1
0 1 0 1
0 1 1 2
1 0 0 1
1 0 1 2
1 1 0 2
1 1 1 3
```

これを実現するスクリプトはリスト2.1とほぼ同じで，27～30行目のデータの作り方が異なります。そこで，異なる部分だけリスト2.2に示します。

実行すると2.3節と同じ出力が得られます。

▶リスト2.2◀　ファイルに書かれた学習データを読み込む（Python用）：count_file.py

```
1  （前略）
2  # データの作成
3  with open('train_data.txt', 'r') as f:
4      lines = f.readlines()
5  
6  data = []
7  for l in lines:
8      d = l.strip().split()
9      data.append(list(map(int, d)))
10 data = np.array(data, dtype=np.int32)
11 trainx, trainy = np.hsplit(data, [3])
12 trainy = trainy[:, 0] # 次元削減
13 trainx = np.array(trainx, dtype=np.float32)
14 trainy = np.array(trainy, dtype=np.int32)
15 train = chainer.datasets.TupleDataset(trainx, trainy)
16 test = chainer.datasets.TupleDataset(trainx, trainy)
17 （後略）
```

リスト2.2の8行目で，ファイルから読み込んだ学習データから1行取り出して，それを入力データとラベルに分割しています。9行目でそれをリスト形式に変換してdata変数に追加しています。7～9行目を読み込んだデータの数だけ繰り返しています。

train_data.txtの内容を見ると，最初の3列が入力データですので，11行目でそれを取り出しています。そして，最後の1列がラベルですので，12行目でそれを取り出しています。そのデータをもとにtrain変数とtest変数を作成しています。

2.5 学習モデルの使用

前節で，ファイルに保存したデータを読み込んで学習する方法を示しました。最後は学習モデルを使って，テストデータを分類します。

テストデータもファイルから読み込むものとし，以下に test_data.txt ファイルに記述しておきます。今回はテストデータですので，ラベルは付いていません。

```
0 0 0
0 0 1
0 1 0
0 1 1
1 0 0
1 0 1
1 1 0
1 1 1
```

これを実現するスクリプトはリスト 2.1 の 21 行までは同じで，その後のデータの作り方，判定の部分が異なります。そこで，異なる部分だけリスト 2.3 に示します。なお，ネットワーク構造は学習したときと全く同じものを使わなければなりません。

実行すると以下の表示が得られます。

```
>count_test.py
input: [0. 0. 0.], result: 0
input: [0. 0. 1.], result: 1
input: [0. 1. 0.], result: 1
input: [0. 1. 1.], result: 2
input: [1. 0. 0.], result: 1
input: [1. 0. 1.], result: 2
input: [1. 1. 0.], result: 2
input: [1. 1. 1.], result: 3
```

▶リスト 2.3◀　ファイルに書かれたテストデータを読んで分類（Python 用）：count_test.py

```
（前略）
# データの作成
with open('test_data.txt', 'r') as f:
    lines = f.readlines()

data = []
for l in lines:
    d = l.strip().split()
    data.append(list(map(int, d)))
trainx = np.array(data, dtype=np.float32)

# ニューラルネットワークの登録
model = L.Classifier(MyChain(), lossfun=F.softmax_cross_entropy)
```

```
14 chainer.serializers.load_npz("result/out.model", model)
15
16 # 学習結果の評価
17 for i in range(len(trainx)):
18     x = chainer.Variable(trainx[i].reshape(1,3))
19     result = F.softmax(model.predictor(x))
20     print("input: {}, result: {}".format(trainx[i],
           result.data.argmax()))
```

テストデータの読み込みは2.4節で説明した方法と同じです。

ここでのポイントは，学習したときと同じネットワーク（リスト2.1の10～21行目）をプログラム中に書いておく必要がある点です。

その後，リスト2.3の14行目で学習モデルのファイルを読み込んでいます。これはリスト2.1の62行目で生成するようにしていました。

最後にリスト2.3の17～20行目までがモデルを使って評価している部分となります。このループは読み込んだテストデータをすべて試すためのループです。18行目で読み込んだデータをChainerの入力に適した形に変換しています。そして，19行目でモデルを使って分類しています。20行目で読み込んだデータと分類結果を表示しています。

2.6 役に立つ機能を使ってみよう

リスト2.1の52～56行目のコメントアウトしてある部分の説明を行います。これらを実行するといろいろな情報が得られるようになるのですが，学習が遅くなることがあります。その場合は，これらは必要がなければコメントアウトしておくことをお勧めします。

(1) 学習状態をグラフ化する

学習状態をグラフにする機能があります。

これは，リスト2.1の53行目と54行目のコメントアウトを外してから実行すると図2.4のグラフが得られます*10。図2.4の(a)と(b)ともに横軸はエポック数（学習回数）です。図2.4(a)は誤差を表していて，0に近づくほど良い結果となります。図2.4(b)は精度を表していて，1に近づくほど良い結果となります。この結果では，エポック数が200付近で精度が1，つまり，完全に正解できることがわかります。なお，このグラフを生成しないようにすると学習が早く終わります。必要に応じて出力するようにしてください。

*10　このグラフはresultフォルダ内に生成されます。

(2) ネットワーク構造を可視化する

設定したネットワークの構造を図で表す機能があります。

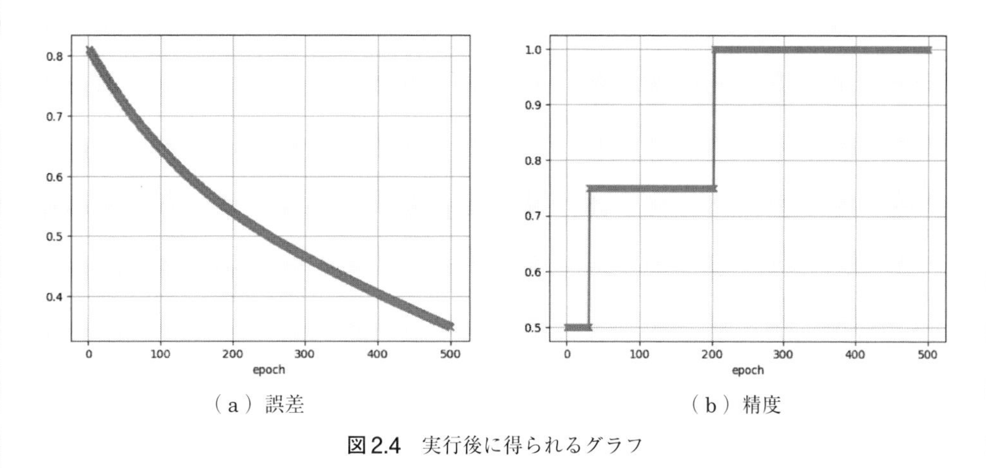

（a）誤差　　（b）精度

図 2.4　実行後に得られるグラフ

これは，リスト 2.1 の 52 行目のコメントアウトを外してから実行すると，result フォルダの下に cg.dot というファイルが得られます。これを graphviz というソフトウェア*11 で画像に変換すると図 2.5 が得られます。変換方法は Anaconda プロンプトを開き，cg.dot のあるフォルダに移動してから以下のコマンドで行います。

```
>dot -T pdf cg.dot -o cg.pdf
```

これにより，cg.pdf という名前の pdf ファイルが作成されます。なお，pdf の部分を png に変更すると png ファイルが作成されます。

*11　graphviz とは Dot 言語というもので書かれたグラフ構造（ノードとかエッジからなるネットワーク構造）を描画するソフトウェアです。Anaconda プロンプトを開き以下のコマンドを行います。
>conda install graphviz
途中で，「Proceed([y]/n)?」と聞かれるので，y を入力して進んでください。

(3) 途中から再開する

本書で扱うスクリプトはあまり実行時間がかからないような設定としていますが，たくさんのデータを学習するような問題を扱う場合にはかなりの時間（1 日以上）がかかる場合があります。そこで，途中から再開する機能があります。

まずは，再開のためのデータを作ります。これは，リスト 2.1 の 55 行目のコメントアウトを外してから実行すると，result フォルダの下に snapshot_iter_10 や snapshot_iter_20 というファイルが得られます。これらが再開用のファイルとなります。ここでは 55 行目で `10` となっているため，10 エポックごとに再開用のファイルが生成されます。問題によってこの数を `100` や `1000` に変更してください。

次に，再開させます。56 行目のコメントアウトを外してから実行することで行うことができます。この例では，`result/snapshot_iter_50` となっていますので，51 エポック目から再開することができます。

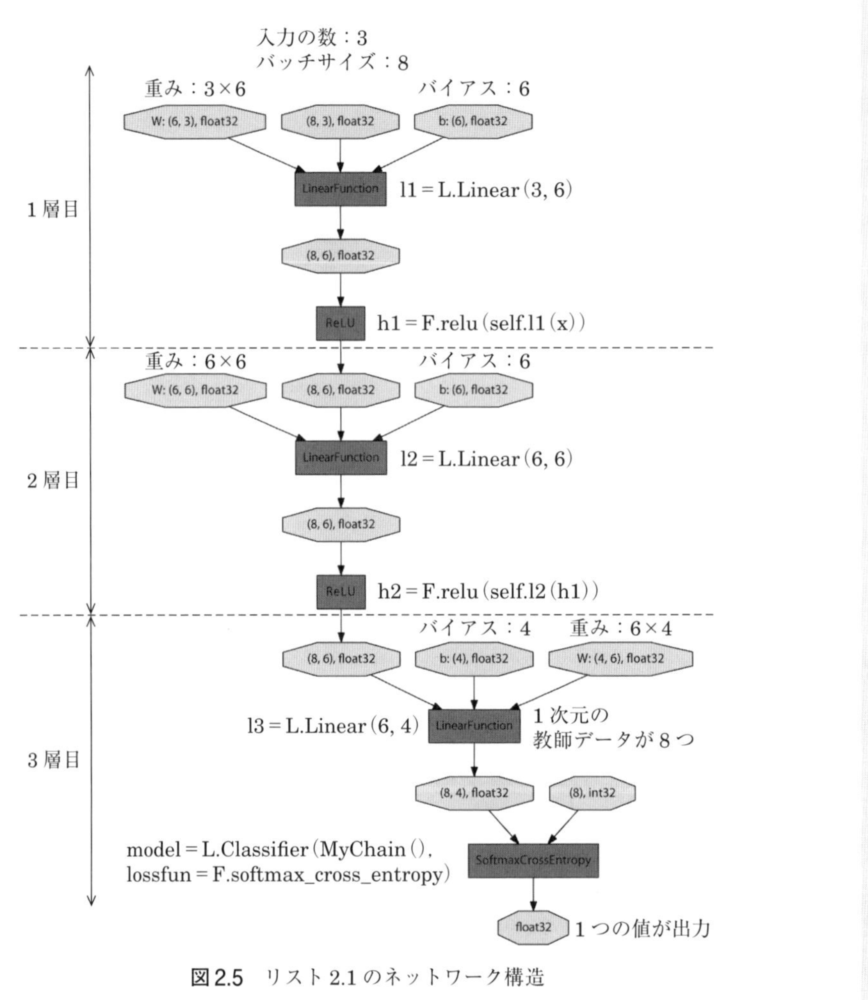

図 2.5　リスト 2.1 のネットワーク構造

第3章 ChainerRLによる深層強化学習の基本

ChainerRL を使った深層強化学習の使い方を学びます。深層学習と同じように，簡単なスクリプトを使ってステップアップしながら説明します。

3.1 深層強化学習の基本構造

深層強化学習とは図 1.1 に示したように，強化学習に深層学習を組み込んだものです。強化学習は良い状態と悪い状態だけ教えておくと後は自分で学習する学習方法です。すべてに答えを用意する必要がないため，半教師あり学習と呼ばれています。深層強化学習にもいろいろな種類がありますが，本書ではディープ Q ネットワーク（Deep Q-Network：DQN）を発展させたダブルディープ Q ネットワーク（Double Deep Q-Network：DDQN）を使います。

本書で扱う DDQN とは，Q ラーニングにディープラーニング（深層学習）を組み込んだものになります。ディープラーニングはニューラルネットワークから発展したものでした。ディープ Q ネットワークとはこれらの名前が合わさったものとなります。そして，それをさらに発展させたためダブルが付いています。

そのため，深層強化学習のスクリプトを作るには Q ラーニングとはどのようなものかを知っておく必要があります。まずは簡単な概念から説明し，この後の節で問題を数値で表す方法を説明します。

ここでは，図 3.1 に示す迷路をロボット（Q ラーニングでは，エージェントと呼ばれることが多いです）が学習することとします。黒いところは壁で白い部分だけ通れます。そして，1 マスずつ動くものとします。右→右と進めばゴールに到達します。迷路にしては簡単すぎますね。

それでは，Q ラーニングで重要となる Q 値について説明をしていきます。図 3.1 の迷路に「右の Q 値：0」など各マスに書かれています。はじめはすべて 0 となっています。この Q 値をロボットが自動的に更新していきます。Q 値の役割は道しるべと思ってください。基本的には，Q 値が高い方に進む設定となっています。

なお Q 値は (3.1) 式で更新されます。

$$Q \leftarrow (1-\alpha)Q + \alpha(r + \gamma \max Q) \tag{3.1}$$

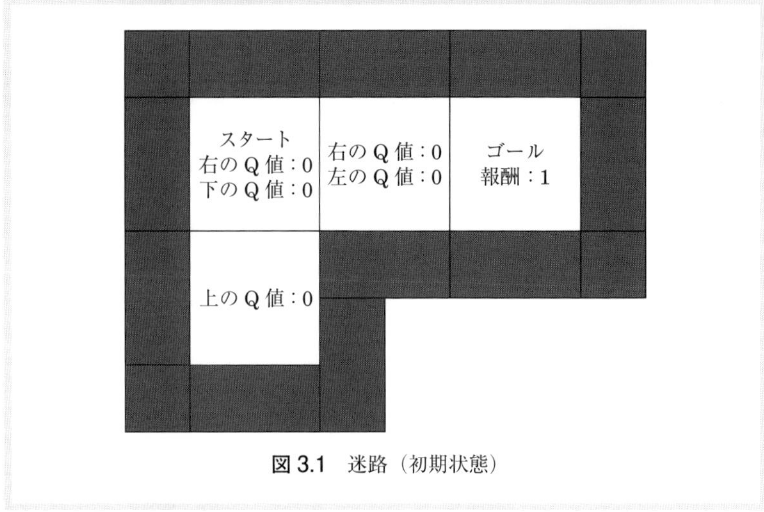

図 3.1 迷路（初期状態）

ここで，r は報酬，α と γ は定数，$\max Q$ は移動先の最大のQ値です。なお以下では $\alpha = 0.8$，$\gamma = 0.5$ として説明を行います。

まず，図 3.1 の状態でスタートの位置にいるロボットは道しるべに当たる2つのQ値が同じなので，右に行けばよいのか下に行けばよいのかわかりません。わからないときは進む方向はランダムに決めます。たまたま右に進むことになったとしましょう。このとき報酬は得られず（$r = 0$），移動先のQ値もすべて0なので，Q値は0のままとなります。

その次も，Q値が同じなので，右か左かわかりません。ここでもランダムに選んで，右が選ばれたとしましょう。

すると，ゴールに到達しました。ゴールに到達すると報酬がもらえます。報酬をもらうと，1つ前の位置のQ値を図 3.2 のように書き換えます。これにより，右に行けばよいという道しるべができました。なお，

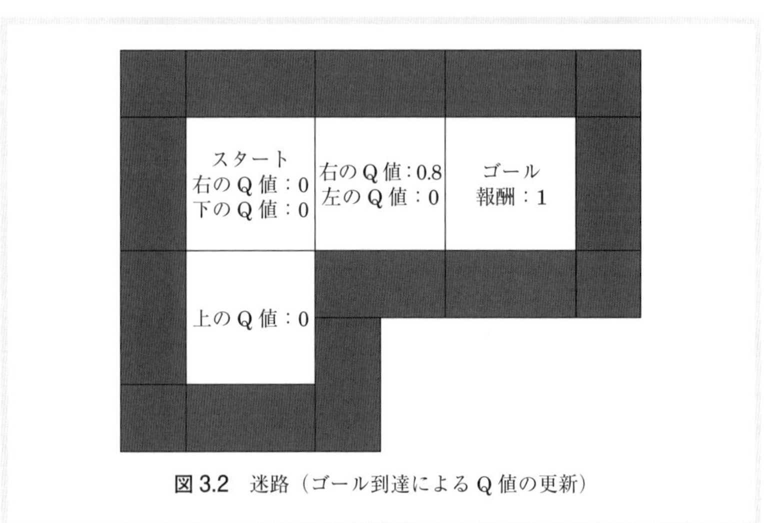

図 3.2 迷路（ゴール到達によるQ値の更新）

これは更新の式に以下のように値を入れて計算した結果です。

$$Q \leftarrow (1-0.8)\times 0+0.8\,(1+0.5\times 0)=0.8 \tag{3.2}$$

Qラーニングではゴールに到達すると，もう一度スタートからはじめることが多くあります。ここでもスタートから再度はじめます。

スタートの位置のQ値は右も下も同じなのでランダムに移動します。今回も右に進んだとしましょう。

右のマスのQ値の最も大きい値を調べてみましょう。右のQ値は0.8，左のQ値は0ですので最も大きいQ値は0.8となります。したがって，移動先のマスに道しるべを見つけましたので，1つ前（この例ではスタート位置）のQ値を図3.3のように更新します。なおこれは以下のように計算した結果です。

$$Q \leftarrow (1-0.8)\times 0+0.8\,(0+0.5\times 0.8)=0.32 \tag{3.3}$$

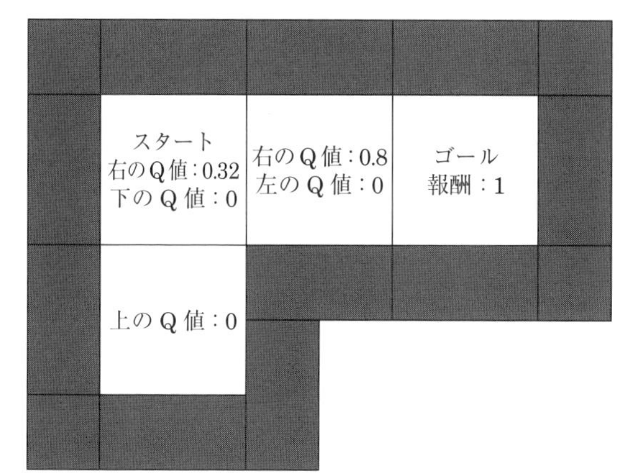

図3.3　迷路（移動先のQ値によるQ値の更新）

ここまでできると，スタートからゴールまでQ値の大きい値をたどれば到達できます。

ロボットはゴールしたら報酬をもらうという設定は人間が行いますが，ロボットはゴールをした際にもらった報酬を頼りに，その間の経路を自分で学んだこととなります。

人間が良い状態だけ決めておき，あとは自分で学習していくという方法がQラーニングの考え方です。

3.2　井戸問題

井戸の水をくむ問題を例にとってさらに説明します。本書ではこの問題を**井戸問題**と呼ぶこととします。

問題設定

図3.4 (a) のように釣べ式の井戸があります。普通の釣べ式の井戸と違うのは片方にしか桶が付いていません。図3.4 (b) のように桶が付いている方の「紐を引く」と井戸から桶を上げることができ，その桶には水が入っています。図3.4 (c) のように「桶を傾ける」と水が出てきますが，図3.4 (d) のように一度傾けると水がなくなります。再度水をすくうには，おもりの付いている方の「紐を引いて」図3.4 (a) のように桶を下げてから，桶の付いている方の「紐を引いて」図3.4 (b) のように上げる必要があります。なお問題を簡単にするために，桶を上げるための紐を引く動作とおもりを上げるための紐を引く動作のどちらも区別なく「紐を引く」と表すこととします。

この問題では，水が入っている桶を傾けて水が得られたときだけが唯一の良い行動であるという答えで，それ以外の動作には良いもしくは悪いという答えを用意していません。一方，深層学習ではすべてに答えを用意しておく必要があります。たとえば深層学習でこの問題を扱うため

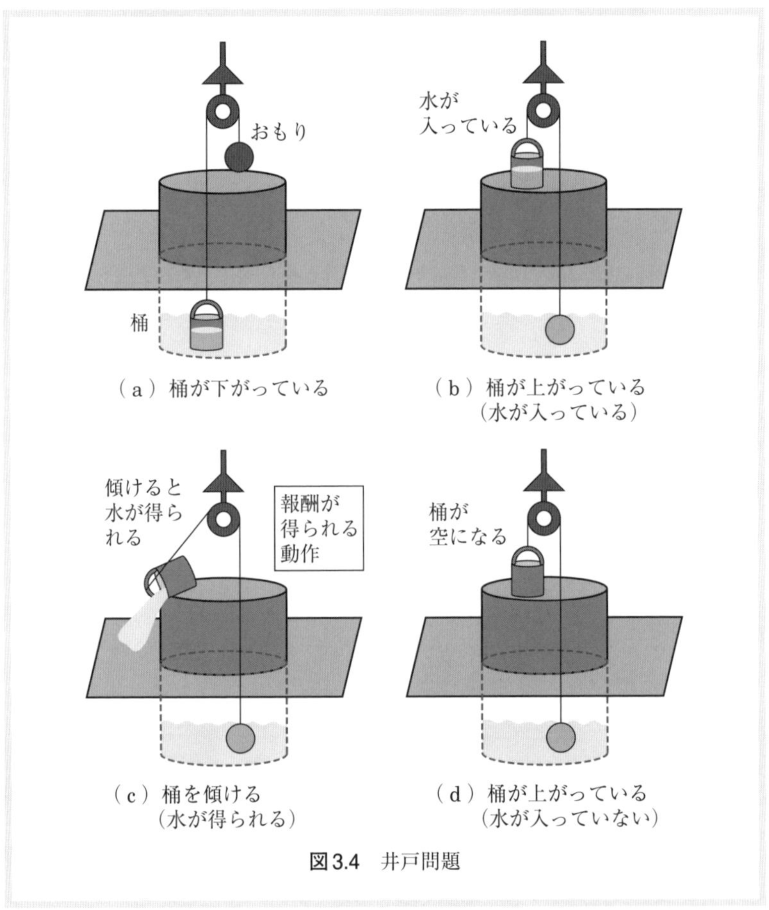

図3.4　井戸問題

には，図 3.4（a）（b）（d）のそれぞれの状態で桶を上げ下げする行動や傾ける行動に対して，それぞれに正解／不正解という答えを用意しておく必要があります。このように，すべてに答えを用意するわけでなく，逆にすべてに答えを用意しないというわけではないので，深層強化学習は**半教師あり学習**と呼ばれています。

3.3 深層強化学習の基礎

深層強化学習の 1 つである DDQN を理解するには，Q ラーニングで用いられる**状態**，**行動**，**報酬**という 3 つの言葉を知っておく必要があります。

まずは，これらを井戸問題に照らし合わせながら説明します。状態とは，「桶が上がっている」のか「桶が下がっている」のか，「桶に水がある」のか「桶に水がない」のかという桶がどうなっているのかを示しています。なお，井戸問題ではこの「桶の上下」と「水のありなし」の状態の組み合わせにより以下の 3 つの状態があります。

- 桶が上がっていて，水が入っている（図 3.4（b））
- 桶が上がっていて，水が入っていない（図 3.4（d））
- 桶が下がっていて，水が入っている（図 3.4（a））

なお，組み合わせで 3 つの状態しか記していないのは，桶が下がると水が入るため「桶が下がっていて，水が入っていない」という状態にはならないからです。

井戸問題での行動は以下の 2 つとなります。

- 紐を引く
- 桶を傾ける

そして，井戸問題の報酬は以下が生じたときとなります。

- 水を得る

そのため，報酬を得るためには図 3.4 に示すように，桶を下げた後，桶を上げて水をくみ，それを傾けるという一連の行動が必要となります。

次に，井戸問題を図 3.5 に示す状態遷移図というもので表してみます。状態遷移図では丸印が状態を表し，矢印が行動を表しています。そして，行動の結果，報酬がもらえることがあります。この図では，報酬がもらえる行動は太い矢印，もらえない行動は細い矢印で示しています。

それでは，状態遷移図を見ていきましょう。図の左にある丸の中に，「桶：下，水：有」と書いてある丸の部分が最初の状態とします。これは桶が下にあり，水が入っている状態を示しています。状態の横に書かれている数字については，3.4 節で説明します。

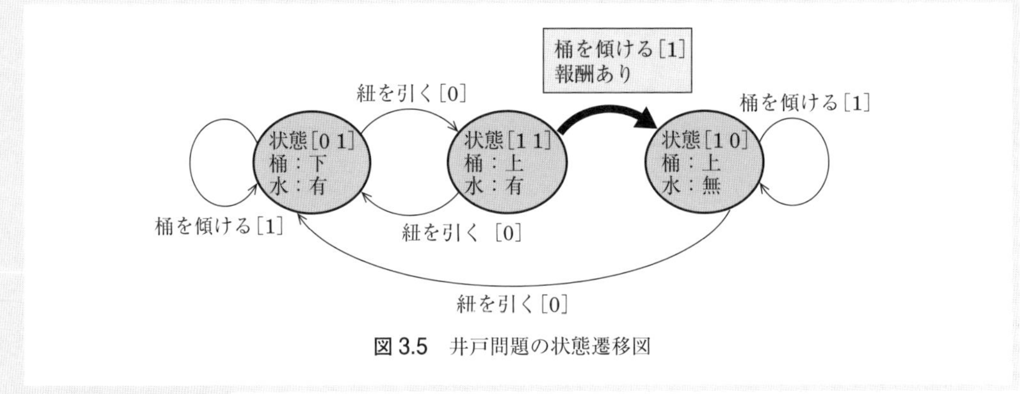

図 3.5 井戸問題の状態遷移図

この状態で桶を傾ける行動を考えます。この場合，桶が下がっているので水は得られませんね[*1]。そのため，図 3.5 の左端にある矢印で示すように桶を傾ける行動は「桶：下，水：有」（図 3.4 (a)）の状態から出てもとの状態へ戻る矢印となります。

*1 下にあるので傾けることはできません。

では，「桶：下，水：有」（図 3.4 (a)）の状態で紐を引く行動をしたとします。この場合は，桶が上がります。その結果，桶が上がった状態を表す「桶：上，水：有」（図 3.4 (b)）の状態に遷移します。この状態は図 3.5 の 3 つの丸印の中央にあります。

「桶：上，水：有」（図 3.4 (b)）の状態にあるときに桶を傾ける行動をとることを考えます。この場合は桶が上がっていますので水を得ることができます。この行動は図 3.5 の中央の丸から右の丸への矢印で示されています。水が入っているので，水を得ることができます。水を得たということは「報酬を得た」ことを意味します（図 3.4(c)）。そのため，報酬を得たことを示す太い矢印となります。また，水を得るので，この行動の後は桶に水がなくなります。このことから，図 3.5 の右側の丸で表す「桶：上，水：無」（図 3.4 (d)）の状態に遷移します。

さらに，桶を傾ける行動をしても水がないので状態も変わらず報酬も得られません（図 3.5 の右側のもとの丸に戻る矢印）。そして，紐を引くと，「桶：下，水：有」（図 3.4 (a)）の状態に遷移します。

3.4 問題を数字で表現

DDQN のスクリプトを作るときには状態，行動，報酬を数字で表すことが必要となります。

(1) 状態を数字で表す

状態は 2 つの数字の組み合わせで表すこととします。ここでは，桶が上がっている状態を1，下がっている状態を0とします。そして，水がある状態を1，ない状態を0とします。このように設定すると以下のように状態を数字で表すことができます。

数値 state[0]	 state[1]	意味
0	1	桶：下，水：有
1	1	桶：上，水：有
1	0	桶：上，水：無
0	0	桶：下，水：無（実際にはこの状態にならない）

(2) 行動を数字で表す

井戸問題では「紐を引く行動」と「桶を傾ける行動」の2つがありました。そこで次のように0，1で表すこととします。

数値 action	意味
0	紐を引く
1	桶を傾ける

(3) 報酬を数字で表す

報酬は水を得たときのみ与えることとします。そこで，報酬は以下のように表すこととします。報酬は100などの大きな値にすることもできますが，深層強化学習では報酬は－1～＋1の間にすることが望ましいとされています。なお，マイナスの報酬は悪い状態となる行動をしたときに与えることもできます*2。

＊2　たとえば悪い状態とは，はじめに示した迷路問題では壁の方向に進む行動です。井戸問題では悪い状態は設定しません。

数値 reward	意味
1	水を得たとき （「桶：上，水：有」の状態で「桶を傾ける」行動をしたとき）
0	それ以外の行動をしたとき

3.5 深層強化学習の学習スクリプト

学習スクリプトをリスト3.1に示します。深層強化学習のスクリプトは大別すると，以下の5つの部分にわけることができます。

- ネットワークの設定
- 行動の決定と状態の変化
- ランダム行動用関数の定義
- 深層強化学習の設定
- 繰り返し学習

▶リスト 3.1◀　井戸問題（Python 用）：ido.py

```
# -*- coding: utf-8 -*-
import numpy as np
import chainer
import chainer.functions as F
import chainer.links as L
import chainerrl
import copy

class QFunction(chainer.Chain):
    def __init__(self, obs_size, n_actions, n_hidden_channels=10):
        super(QFunction, self).__init__()
        with self.init_scope():
            self.l1=L.Linear(obs_size, n_hidden_channels)
            self.l2=L.Linear(n_hidden_channels, n_hidden_channels)
            self.l3=L.Linear(n_hidden_channels, n_actions)
    def __call__(self, x, test=False):
        h1 = F.relu(self.l1(x))
        h2 = F.relu(self.l2(h1))
        y = chainerrl.action_value.DiscreteActionValue(self.l3(h2))
        return y

def random_action():
    return np.random.choice([0, 1])

def step(_state, action):
    state = _state.copy()
    reward = 0
    if state[0]==0 and state[1]==1:
        if action==0:
            state[0] = 1
    elif state[0]==1 and state[1]==1:
        if action==0:
            state[0] = 0
        elif action==1:
            state[1] = 0
            reward = 1
    elif state[0]==1 and state[1]==0:
        if action==0:
            state[0] = 0
            state[1] = 1
    return np.array(state), reward

gamma = 0.8
alpha = 0.5
max_number_of_steps = 15 # 1試行の step 数
num_episodes = 50 # 総試行回数

q_func = QFunction(2, 2)
optimizer = chainer.optimizers.Adam(eps=1e-2)
optimizer.setup(q_func)
explorer = chainerrl.explorers.LinearDecayEpsilonGreedy
    (start_epsilon=1.0, end_epsilon=0.0, decay_steps=num_episodes,
    random_action_func=random_action)
replay_buffer = chainerrl.replay_buffer.PrioritizedReplayBuffer
    (capacity=10 ** 6)
phi = lambda x: x.astype(np.float32, copy=False)
agent = chainerrl.agents.DoubleDQN(
    q_func, optimizer, replay_buffer, gamma, explorer,
    replay_start_size=50, update_interval=1, target_update_interval=10,
        phi=phi)
```

```
57 #agent.load('agent')
58 
59 for episode in range(num_episodes): # 試行数分繰り返す
60     state = np.array([0,1])
61     R = 0
62     reward = 0
63     done = True
64 
65     for t in range(max_number_of_steps): # 1試行のループ
66         action = agent.act_and_train(state, reward)
67         next_state, reward = step(state, action)
68         print(state, action, reward, next_state)
69         R += reward # 報酬を追加
70         state = next_state
71     agent.stop_episode_and_train(state, reward, done)
72     print('episode : ', episode+1, 'R', R, 'statistics:', agent.
        get_statistics())
73 
74 agent.save('agent')
```

(1) ネットワークの設定

深層強化学習は深層学習の一種ですので，リスト 2.1 に示した深層学習のスクリプトのようにネットワークを設定する必要があります。リスト 3.1 では 9～20 行で設定しています。この設定方法はリスト 2.1 に示した方法と同じです。リスト 3.1 では中間層を 2 層とし，どちらの中間層も 10 ノードとしています。

また，入力の数と出力の数は 48 行目の関数の引数で設定しています。井戸問題は状態が 2 つ（桶の位置と水の有無）で行動は 2 種類（紐を引く行動と桶を傾ける行動）あります。

(2) 行動の決定と状態の変化

行動したときの状態の変化を 25～41 行目の step 関数で定義しています。細かく見ていきましょう。なお，state[0] は桶の状態。state[1] は水の状態を表しています。まず，引数の _state を state 変数にコピーしています。

step 関数内の最初の if 文は，図 3.5 の左の「桶：下，水：有」の状態（state[0]=0，state[1]=1）にあるときの条件となります。このときに action が 0，つまり紐を引く行動を行うと桶が上がってきますので，図 3.5 の真ん中の「桶：上，水：有」の状態（state[0]=1，state[1]=1）に遷移します。また，図 3.5 の左の「桶：下，水：有」の状態（state[0]=0，state[1]=1）のときに桶を傾ける行動をしても何も起きません。この行動は図 3.5 の左の状態から同じ状態に戻る左端にある矢印で示しています。

31 行目の elif 文は図 3.5 の中央の「桶：上，水：有」の状態（state[1]=1，state[0]=1）にあるときの条件となります。紐を引く行動を行うと（action=0），桶が下がりますので，図 3.5 の左の「桶：下，水：有」の状態（state[1]=0， state[0]=1）に戻ります。一方，桶を傾ける行動を行うと（action=1），水が得られます。水が得られたときには報酬がもらえます。そこで，報酬を与えるための変数として用いている reward 変数に 1 を代入します。さらに，桶の水がなくなるので，図 3.5 の右の「桶：上，水：無」の状態（state[0]=1，state[1]=0）に遷移します。

37 行目の elif 文は図 3.5 の右の「桶：上，水：無」の状態（state[1]=1， state[0]=0）にあるときの条件となります。このときには紐を引く行動をすると桶が下がりますので，図 3.5 の左の「桶：下，水：有」の状態（state[0]=0， state[1]=1）に戻ります。一方，桶を傾ける行動をしても水が入っていないので何も起きません。そのため，図 3.5 の右の「桶：上，水：無」の状態（state[0]=1， state[1]=0）のままとなります。

(3) ランダム行動用関数の定義

深層強化学習ではランダムに行動するための関数を用意しておく必要があります。ここでは，取りうる行動が 0 と 1 ですので，その 2 つの値をランダムに返す関数を定義しています（22，23 行目）。

(4) 深層強化学習の設定

43～57 行目で強化学習の設定をしています。

48 行目では状態の数（第 1 引数）と出力の数（第 2 引数）を決めています。井戸問題では状態の数は 2 つ，出力の数は行動の種類となりますので 2 になります。49 行目では最適化関数を設定しています。ここでは Adam を用います。表 3.1 に示すように，そのほかの関数を設定することもできます*3。

＊3　最適化関数の内容を短い言葉で正確に表すことは難しいため，ここでは名前を紹介するにとどめます。https://docs.chainer.org/en/stable/reference/optimizers.html

表 3.1　Chainer と ChainerRL で使える最適化関数

関数名	名前
chainer.optimizers.AdaDelta	Zeiler's ADADELTA.
chainer.optimizers.AdaGrad	AdaGrad optimizer.
chainer.optimizers.Adam	Adam optimizer.
chainer.optimizers.CorrectedMomentumSGD	Momentum SGD optimizer.
chainer.optimizers.MomentumSGD	Momentum SGD optimizer.
chainer.optimizers.MSVAG	M-SVAG optimizer.
chainer.optimizers.NesterovAG	Nesterov's Accelerated Gradient.
chainer.optimizers.RMSprop	RMSprop optimizer.
chainer.optimizers.RMSpropGraves	Alex Graves's RMSprop.
chainer.optimizers.SGD	Vanilla Stochastic Gradient Descent.
chainer.optimizers.SMORMS3	Simon Funk's SMORMS3.

51 行目ではランダム行動に関する関数の設定をしています。深層強化学習はある確率でランダムに行動するように設定する必要があります。そして，学習の初期段階ではランダムに行動する確率を高く設定し，学習が進むにつれてその確率を低くすることが行われます。

まず，start_epsilon=1.0 とは学習がはじまった直後のランダムに行動する確率です。1.0 は 100%を示しています。エピソード*4 が進むにつれて，epsilon の値が下がっていきます。この下限値を end_epsilon で設定します。ここでは end_epsilon=0.0 を設定していますので，ランダムな行動はしません。

*4　エピソードとは試行回数のことです。たとえば，リスト 3.1 の井戸問題では max_number_of_steps 変数に設定した 15 回の行動が 1 エピソードとなります。

51 行目の chainerrl.explorers.LinearDecayEpsilonGreedy 関数では，epsilon の初期値から下限値に至るまで線形に減少させます。初期値から下限値までにかかるステップ数（学習の数）を decay_steps=num_episodes で設定しています。num_episodes は試行の回数を決める変数として 46 行目で設定しています。

最後の random_action_func=random_action はランダム関数の登録を行っています。random_action は 22，23 行目で設定しています。

52 行目の chainerrl.replay_buffer.PrioritizedReplayBuffer 関数は，深層強化学習を行うために一時的にデータを保存する変数の数を引数で決めています。ここでは 10^6 個のデータを保存する領域を確保しています。そして，保存したデータをどのように選ぶかを決めています。なお，保存されたデータを選ぶほかの方法として，ReplayBuffer や EpisodicReplayBuffer，PrioritizedEpisodicReplayBuffer もあります。

53 行目は型変換のための変数です。

54～56 行目は 1 つの関数を見やすくするために 3 行に分けた書き方をしています。この関数は，どの学習方法を用いて深層強化学習を行うかを設定しています。この例では DoubleDQN という DQN を拡張した方法を設定しています。そのほかにも Chainer と ChainerRL で使える深層強化学習の手法を表 3.2 に示します*5。

*5　最適化関数の内容を短い言葉で正確に表すことは難しいため，ここでは名前を紹介するにとどめます。

DoubleDQN 関数の引数の中で設定している 4 つの値の意味を説明します。

- replay_start_size：ここで設定した数の行動が ReplayBuffer にたまったときに Q ネットワークの学習をはじめます。
- update_interval：Q ネットワークを更新する頻度を表します。ここでは，これまでの行動をターゲットにして学習します。
- target_update_interval：Q ネットワークを更新する際に，ここで設定したステップ数前のネットワークを使って更新します。ここでは，過去の行動の行動価値をターゲットとして学習します。学習を安定化させるためにこのような学習方法がとられます（fixed target Q-Network と呼ばれる工夫です）。

表 3.2　ChainerRL で使える深層強化学習の手法

関数名	名前
chainerrl.agents.A3C	A3C: Asynchronous Advantage Actor-Critic.
chainerrl.agents.ACER	ACER (Actor-Critic with Experience Replay).
chainerrl.agents.AL	Advantage Learning.
chainerrl.agents.DDPG	Deep Deterministic Policy Gradients.
chainerrl.agents.DoubleDQN	Double DQN.
chainerrl.agents.DPP	Dynamic Policy Programming with softmax operator.
chainerrl.agents.DQN	Deep Q-Network algorithm.
chainerrl.agents.NSQ	Asynchronous N-step Q-Learning.
chainerrl.agents.PAL	Persistent Advantage Learning.
chainerrl.agents.PCL	PCL (Path Consistency Learning).
chainerrl.agents.PGT	Policy Gradient Theorem with an approximate policy and a Q-function.
chainerrl.agents.REINFORCE	William's episodic REINFORCE.
chainerrl.agents.ResidualDQN	DQN that allows maxQ also backpropagate gradients.

(5) 繰り返し学習

いよいよ学習を行います。

59 行目の for 文は設定したエピソード数（試行回数）だけ繰り返します。60～63 行目では初期状態を決めています。

65 行目の for 文は 1 回のエピソード（試行）で行う行動の回数だけ繰り返す設定をしています。66 行目の agent.act_and_train 関数は状態と報酬を入力すると自動的に学習しながら次の行動を出力します。67 行目の step 関数は上記で述べた，筆者が作った関数となります。現在の状態と行動を入力すると次の状態と報酬が得られる関数です。得られた状態をもとにして次の行動を決めるということを max_number_of_steps 変数で設定した行動回数だけ繰り返します。

そして，行動回数だけ行動した後は，学習が終了したことを示すために 71 行目に示す agent.stop_episode_and_train 関数で学習しています。ここでは done 変数は True としていますが，うまく行動できたときのみ True，そうでないときには False を設定するとよりうまく学習できます。

ここで，ポイントの 1 つに，1 回の試行で行う行動の回数の決め方があります。この回数の設定方針として，1 回の試行で報酬を 5 回以上もらえるような回数にしておくとうまく学習できます。つまり，試行回数当たりの行動回数が少ない場合はうまく学習できません。たとえば，リスト 3.1 の行動回数（max_number_of_steps）を 5 に設定すると，うまく学習できないことが多くありました。

最後に74行目で学習モデルを出力しています。この学習モデルは3.6節で利用します。

実行すると以下のような表示が得られます。

説明のために [a b] c d [e f] と表します。[a b] は行動前の状

```
> python ido.py
[0 1] 0 0 [1 1]  <- 紐を引く（桶が上がる）
[1 1] 0 0 [0 1]  <- 紐を引く（桶が下がる）
[0 1] 1 0 [0 1]  <- 桶を傾ける（何も起きない）
[0 1] 0 0 [1 1]  <- 紐を引く（桶が上がる）
[1 1] 1 1 [1 0]  <- 桶を傾ける（報酬が得られる：1）
[1 0] 0 0 [0 1]  <- 紐を引く（桶が下がる）
[0 1] 1 0 [0 1]  <- 桶を傾ける（何も起きない）
[0 1] 1 0 [0 1]  <- 桶を傾ける（何も起きない）
[0 1] 0 0 [1 1]  <- 紐を引く（桶が上がる）
[1 1] 1 1 [1 0]  <- 桶を傾ける（報酬が得られる：2）
[1 0] 0 0 [0 1]  <- 紐を引く（桶が下がる）
[0 1] 0 0 [1 1]  <- 紐を引く（桶が上がる）
[1 1] 1 1 [1 0]  <- 桶を傾ける（報酬が得られる：3）
[1 0] 0 0 [0 1]  <- 紐を引く（桶が下がる）
[0 1] 1 0 [0 1]  <- 桶を傾ける（何も起きない）
episode :  1 R 3 statistics: [('average_q',
    0.0037776087515982706), ('average_loss', 0)]
（中略）
[0 1] 0 0 [1 1]  <- 紐を引く（桶が上がる）
[1 1] 1 1 [1 0]  <- 桶を傾ける（報酬が得られる：1）
[1 0] 0 0 [0 1]  <- 紐を引く（桶が下がる）
[0 1] 0 0 [1 1]  <- 紐を引く（桶が上がる）
[1 1] 1 1 [1 0]  <- 桶を傾ける（報酬が得られる：2）
[1 0] 0 0 [0 1]  <- 紐を引く（桶が下がる）
[0 1] 0 0 [1 1]  <- 紐を引く（桶が上がる）
[1 1] 1 1 [1 0]  <- 桶を傾ける（報酬が得られる：3）
[1 0] 0 0 [0 1]  <- 紐を引く（桶が下がる）
[0 1] 0 0 [1 1]  <- 紐を引く（桶が上がる）
[1 1] 1 1 [1 0]  <- 桶を傾ける（報酬が得られる：4）
[1 0] 0 0 [0 1]  <- 紐を引く（桶が下がる）
[0 1] 0 0 [1 1]  <- 紐を引く（桶が上がる）
[1 1] 1 1 [1 0]  <- 桶を傾ける（報酬が得られる：5）
[1 0] 0 0 [0 1]  <- 紐を引く（桶が下がる）
episode :  50 R 5 statistics: [('average_q',
    0.23221925351861614), ('average_loss',
    0.017641011608484594)]
```

態を表しています。c は行動，d はその行動により得られる報酬を表しています。そして，[e f] は行動後の状態を表しています。

ここでは3回目の行動に相当する，3行目の [0 1] 1 0 [0 1] の部分に着目します。はじめの [0 1] は行動前の状態を表していて，これは図3.5に示す通りで左の「桶：下，水：有」の状態を表しています。次の 1 は行動を表しています。1 は桶を傾ける行動に相当しますの

で図 3.5 の左の状態から同じ状態に戻る矢印の行動をしたことになります。その次の 0 は報酬を表します。この場合は報酬が得られないので 0 となっています。最後の [0 1] は行動によって遷移した状態を表しています。今回の行動では同じ状態に遷移しています。

同様にして 4 行目の [0 1] 0 0 [1 1] では紐を引く行動（0 の行動）を行っているので図 3.5 の真ん中の「桶：上，水：有」状態に遷移していることが示されています。

15 回の行動を 1 回のエピソード（episode）としています。エピソードが終わると episode からはじまる行が表示されます。ここで R は 1 回のエピソードで得られた報酬の合計を表しています。1 回目の試行では 3 の報酬が得られました。

これを 50 回繰り返します。50 回目のエピソードでは，「紐を引く」(1) →「桶を傾ける」(0) →「紐を引く」(1) →「紐を引く」(1) →「桶を傾ける」(0) →…と行動しているため，図 3.5 の左→中央→右→左→中央→右→…という具合に無駄のない水くみ動作が実現できています。そのため，報酬の合計（R）が 5 となっています*6。

＊6　最大の報酬は試行回数に 1 を足して 3 で割った商となります。15 の場合は 5 となります。

また，この実行結果で確認すべき点として，average_q と average_loss があります。まず，average_q とは Q 値と呼ばれる Q ラーニングで行動選択の際に必要となる値に相当する値の平均を表しています。この値が大きくなるにつれて学習が進んでいることになります。次に，average_loss とは深層学習の学習結果の良し悪しを判定する際に必要となる値に相当する値の平均を表しています。この値が 0 に近づくと学習が進んでいることになります。

なお，各ステップの行動が必要ない場合はリスト 3.1 の 68 行目の print 文をコメントアウトしてください。

3.6 学習モデルの使用

2 章で示した深層学習と同様に，深層強化学習でも学習モデルを使って行動を決めることができます。学習モデルはリスト 3.1 の 74 行目で出力しています。ここでは，リスト 3.1 の実行後にできるモデル（agent フォルダの中にあるファイル）を使う方法を示します。これにより，学習済みの行動を獲得した状態で次の行動を決めることができるようになります。

リスト 3.1 の中で変更する必要のあるところをリスト 3.2 に抜き出しました。その変更点をリスト 3.3 に示します。

まず，エピソード回数を 1 回に変更しています。次に，モデルを読み

▶リスト 3.2◀　変更前（Python 用）：ido.py

```
(前略)
num_episodes = 50 # 総試行回数
(中略)
explorer = chainerrl.explorers.LinearDecayEpsilonGreedy
    (start_epsilon=1.0, end_epsilon=0.0, decay_steps=num_episodes,
    random_action_func=random_action)
(中略)
#agent.load('agent')
(中略)
        action = agent.act_and_train(state, reward)
(中略)
    agent.stop_episode_and_train(state, reward, done)
(中略)
agent.save('agent')
```

▶リスト 3.3◀　変更後（Python 用）：ido_restart.py

```
(前略)
num_episodes = 1 # 総試行回数
(中略)
explorer = chainerrl.explorers.LinearDecayEpsilonGreedy
    (start_epsilon=0.0, end_epsilon=0.0, decay_steps=num_episodes,
    random_action_func=random_action)
(中略)
agent.load('agent')
(中略)
        action = agent.act(state)
(中略)
# agent.stop_episode_and_train(state, reward, done)
(中略)
#agent.save('agent')
```

込むために agent.load 関数のコメントアウトを外しました。そして，行動を決める関数が agent.act_and_train 関数から agent.act 関数へ変更になっています。これは，モデルを読み込んだ後学習をしないようにするためです。同様の理由で agent.stop_episode_and_train 関数をコメントアウトしています。最後に，エージェントモデルを出力する部分（agent.save 関数）もコメントアウトしています。

この実行結果を次ページに示します。15 回の行動をしたときに最大となる報酬 5 が得られていることがわかります。つまり，学習済みの学習モデルが使われたことが確認できました。

```
>python ido_restart.py
[1 0] 0 0 [0 1]   <- 紐を引く（桶が上がる）
[0 1] 0 0 [1 1]   <- 桶を傾ける（報酬が得られる）
[1 1] 1 1 [1 0]   <- 紐を引く（桶が下がる）
[1 0] 0 0 [0 1]   <- 紐を引く（桶が上がる）
[0 1] 0 0 [1 1]   <- 桶を傾ける（報酬が得られる）
[1 1] 1 1 [1 0]   以下繰り返し
[1 0] 0 0 [0 1]
[0 1] 0 0 [1 1]
[1 1] 1 1 [1 0]
[1 0] 0 0 [0 1]
[0 1] 0 0 [1 1]
[1 1] 1 1 [1 0]
[1 0] 0 0 [0 1]
[0 1] 0 0 [1 1]
[1 1] 1 1 [1 0]
episode :  1 R 5 statistics: [('average_q',
    0.016210074661176903), ('average_loss', 0)]
```

第4章 電子工作の準備をしよう

本書では深層学習を電子工作で作ったものに応用します。深層学習はパソコンで行い，電子工作を制御するのは Arduino というマイコンを用いて行います。この章ではまず，Arduino とはどのようなものかを簡単に説明します。その後，Arduino を使うための準備を行い，サンプルスケッチ[*1]で動作の確認を行います。

＊1　Arduino のプログラムはスケッチと呼びます。

4.1 Arduino とは

Arduino とは図 4.1 に示すようなマイコンボードの一種で，ほかのマイコンボードに比べて，とても簡単にスケッチを作ることができます。

Arduino にはいろいろな種類（Uno, Mega, Nano など）があります。どの Arduino でもたいてい互換性はありますが，本書で対象とする Arduino は Arduino Uno R3 です。

Arduino を使って電子工作をするときには，いろいろな部品を購入する必要があります。本書の工作でよく使うものやそれらを購入したお店を付録 A にまとめておきます。

図 4.1　Arduino Uno R3

4.2 各部の説明

Arduinoにはいろいろな部品が付いています。本書で扱う部品の意味を図4.2と合わせながら示します。

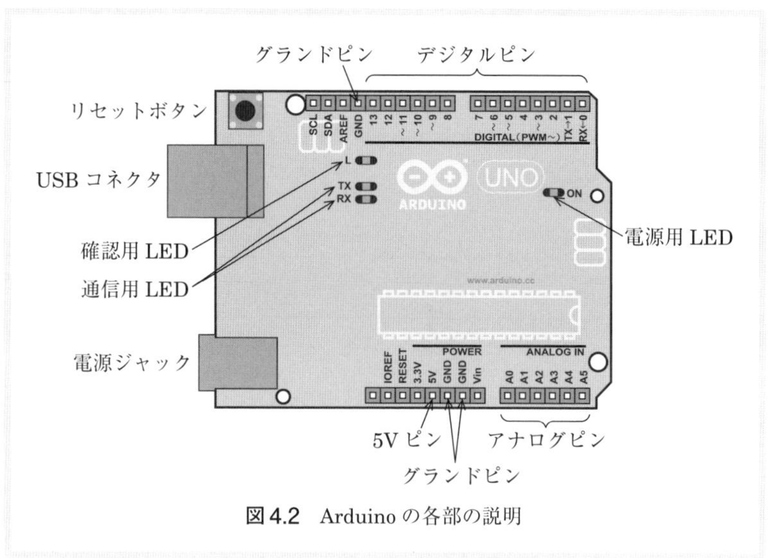

図4.2　Arduinoの各部の説明

(1) ピン

Arduinoの上下に黒くて穴のあいたフレームがあります。このそれぞれの穴をピンと呼びます。ピンにはいくつか役割があり，Arduinoにはそれぞれの役割が白い文字で書かれています。その中の本書で使用するピンについて説明します。

- **デジタルピン**

DIGITAL（PWM～）と書いてある0～13番までの14本のピンです。このピンを**デジタル○○番ピン**と呼ぶこととします。

これらのピンは`digitalRead`関数や`digitalWrite`関数で使うことができます。また「～」が書かれた3，5，6，9，10，11番ピンは特別な役割があり，`analogWrite`関数で使うことのできるピンです。

- **アナログピン**

ANALOG INと書いてある0～5番までの6本のピンです。このピンを**アナログ○○番ピン**と呼ぶこととします。これらのピンは`analogRead`関数でピンにかかる電圧を読み取ることができます。

- **グランドピン**

GNDと書いてあるピンで，長い方のフレームに1つ，短い方のフレームに2つの合計3つのピンがあります。

• 5V ピン

5V と書いてあるピンから，5V が出力されています。サーボモータを回すような大きな電流を必要とする電子部品への電源としては使うことができません。

(2) コネクタ

スケッチを Arduino に書き込んだりするときには，このコネクタとパソコンを USB ケーブル（A-B タイプ）でつなぎます。

(3) 電源ジャック

Arduino は USB ケーブルでパソコンとつながっていれば動かすことができます。パソコンと USB ケーブルでつながずに Arduino だけで動作させたいときには，この電源ジャックに AC アダプタ（7～12 V で内側がプラス）をつなぎます。

(4) リセットボタン

1 つだけ付いている押しボタンスイッチです。このボタンを押すとスケッチを最初から再度実行させることができます。リセットボタンの位置は Arduino のバージョンで違います。

(5) LED

真ん中より少し左の上側に LED が 3 つと右側に 1 つ付いています。

• 確認用 LED

左の一番上の L と書いてある LED はスケッチで点灯や消灯ができます*2。

• 電源用 LED

右側の ON と書いてある LED は電源が入っていると点灯します。

• 通信用 LED

左の下側 2 つの TX，RX と書いてある LED はパソコンと Arduino が通信（シリアル通信）しているときや，作成したスケッチを書き込んでいるときなどに点滅します。

*2　この LED の点灯と消灯は LED_BUILTIN ピンという特殊なピンで行います。なお，このピンはデジタル 13 番ピンとつながっている場合が多いです。

4.3 開発環境のダウンロード

Arduino のスケッチを作ったり，スケッチを Arduino へ書き込んだりするための開発環境（ソフトウェア）をインターネットからダウンロードします。この開発環境は無料です。

まず，ホームページ（www.arduino.cc）を開きましょう。図 4.3 のような画面が出てきます。

図 4.3 Arduino の公式ホームページ（英語）

レイアウトや写真はときどき変わります。その中から「SOFTWARE」と書かれた部分をクリックすると表示される「DOWNLOADS」をクリックします。

図 4.4 のような画面が出てきます。そのページにある「Windows ZIP file for non admin install」をクリックします[*3]。

その後，寄付するかどうかの画面が表示されますので，寄付しない場合は「JUST DOWNLOAD」をクリックします。

ダウンロードがはじまります。本書の執筆時点で一番新しい「Arduino-1.8.8」をダウンロードしました。Arduino のバージョンは日々更新されています[*4]。バージョンが違う場合はそれに合わせて読み変えてください。

＊3　Mac や Linux（32bit 版，64bit 版）を使っている人はそれぞれ Mac OS X や Linux 32bit，Linux 64bit をクリックしましょう。

＊4　以前のバージョンは図 4.4 の画面の中ごろにある「Previous Releases」と書かれている下にある「previous version of…」と書かれたリンクをクリックするとダウンロードできます。

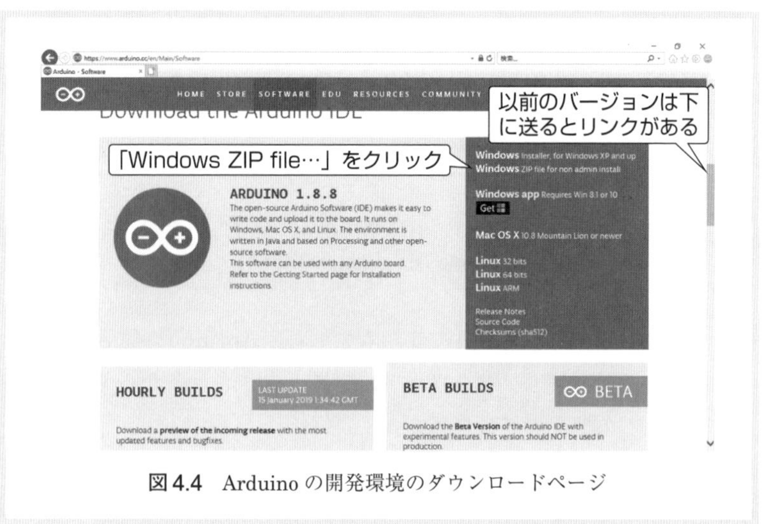

図 4.4 Arduino の開発環境のダウンロードページ

本書では保存先としてライブラリフォルダの中にあるドキュメントフォルダを選択しました。

ダウンロードはインターネットの速さによってはかなり時間がかかる場合があります。

4.4 インストール

インストールはダウンロードした arduino-1.8.8-windows.zip を右クリックして「すべて展開 (T)」を選びます*5。

セキュリティーの警告ダイアログが出ることがありますが，キャンセルボタンを押します。

これで，Arduino を使うための開発環境のインストールは終わりました。ダウンロードしたファイルを展開するだけでインストールができるのはとても簡単ですね*6。

*5　展開が終わったらこの開発環境を使いやすくするために，デスクトップにショートカットを作りましょう。arduino-1.8.8 フォルダの中の arduino アイコン（拡張子を表示している場合は arduino.exe）を右クリックしてから，送る（N）→デスクトップ（ショートカット作成）を選びます。

*6　アンインストールは展開したフォルダごと削除すればOKです。バージョンの違う Arduino の開発環境を使用することも可能です。

4.5 パソコンとの接続

Arduino とパソコンを USB ケーブルでつなぎましょう。

初回接続時にはドライバーのインストールが必要になることがあります。

デバイスマネージャーを起動します。これは図 4.5 に示すように「スタートメニューを右クリック」してから「デバイスマネージャーをクリック」することでできます。

デバイスマネージャーのダイアログが表示されたら，その中から「ほかのデバイスの中」に Arduino Uno が含まれているか確認します。ほかのデバイスでなく，図 4.5 のようにポート（COM と LPT）の中に Arduino Uno が表示されていれば以下の手順は必要ありません。

ほかのデバイスに含まれている場合は「Arduino Uno を右クリック」して「ドライバーソフトウェアの更新 (P)」を選択します。

その後，ダイアログが出てきますので，下側の「コンピュータを参照してドライバーソフトウェアを検索します (R)」をクリックします。

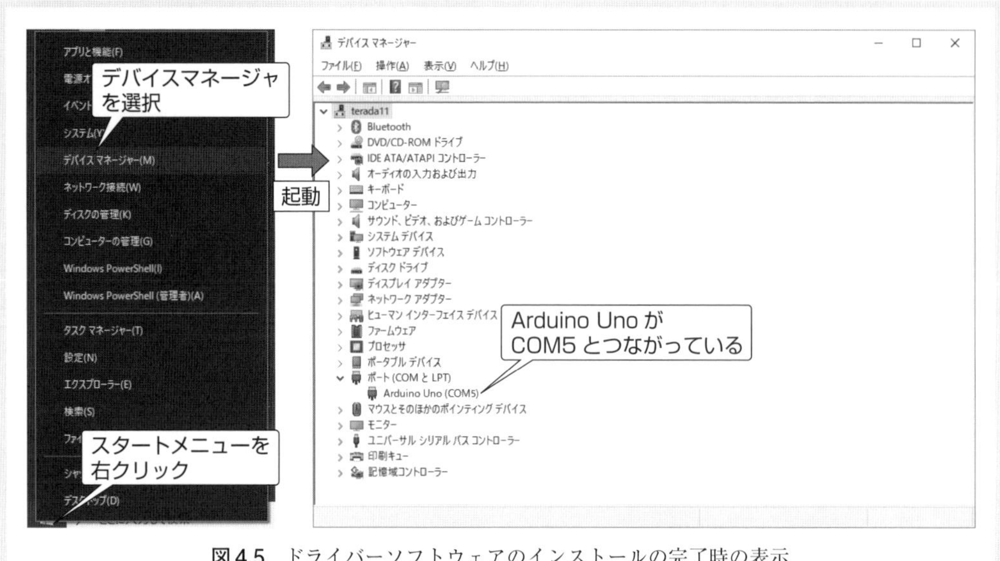

図 4.5 ドライバーソフトウェアのインストールの完了時の表示

ダイアログが表示されますので,「参照 (R) をクリック」して「Arduino の開発環境をインストールしたフォルダの下の drivers フォルダを選択して「OK」を押します。このとき，**FTDI USB Drivers ではないことに注意してください**。セキュリティーの警告が出ることがありますが,「このドライバーソフトウェアをインストールします (I)」を選んで少し待つと，図 4.5 のように「ポート（COM と LPT）の中に Arduino Uno (COM5)」と表示されます。この例では,「COM5 という番号のポートに接続されている」ことになります。図では COM5 となっていますが，読者の皆様の実行環境によってこの番号は異なります。

4.6 初期設定

Arduino を使うための開発環境を起動しましょう。「ダウンロードして解凍したフォルダの中にある arduino.exe ダブルクリック」(または 4.4 節でデスクトップに作成した Arduino のアイコン）してしばらく待つと，図 4.6 の画面が現れます。この白い部分にプログラムを書きます。さらに，この開発環境にはコンパイルのためのボタン（Verify ボタン*7）や，書き込む（アップロードする）ためのボタン（Upload ボタン：4.7 節で説明）や，シリアル通信のためのボタン（シリアルモニタボタン：5.3 節で説明）が付いています。

*7　Verify ボタンを押すとプログラムをコンパイルしてプログラムが文法的に正しく書かれているかチェックできます。

なお，Arduino の開発環境を終了するときはファイルメニューから終了を選ぶか右上のバツボタン（閉じるボタン）をクリックしてください。

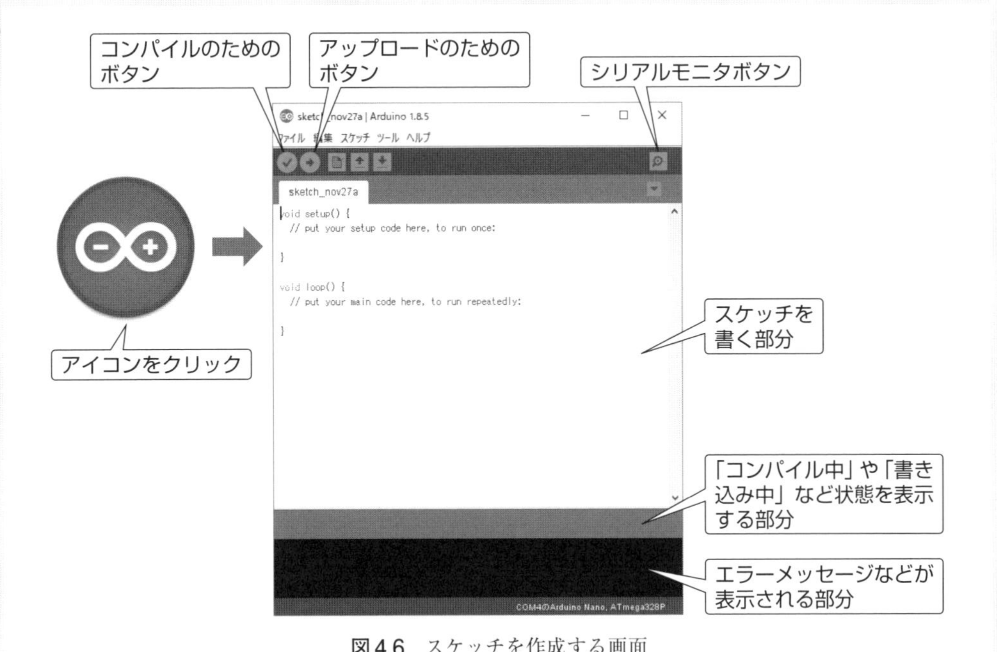

図 4.6　スケッチを作成する画面

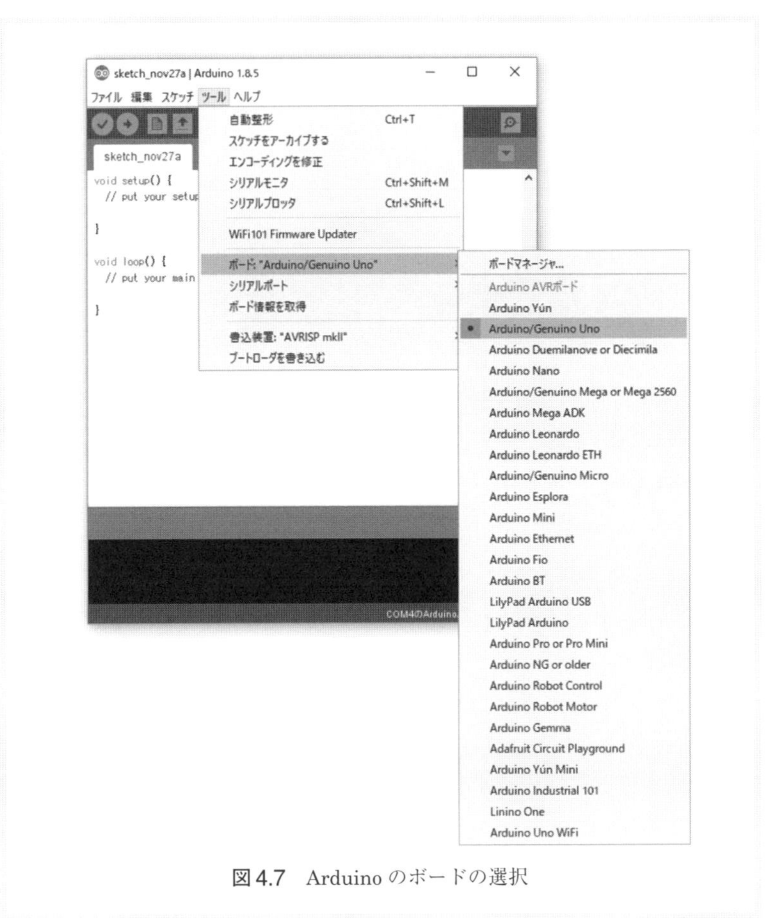

図 4.7　Arduino のボードの選択

Arduinoを使うためには次の2つの設定が必要です。

1. **Arduinoのボードの設定**　Arduinoにはいろいろな種類（Uno, Mega, Nanoなど）があります。どのArduinoスケッチを書くのかを設定する必要があります。図4.7に示すように「ツール」メニューから「ボード」を選び,「Arduino/Genuino Uno」を選びます。
2. **シリアルポートの設定**　Arduinoがどのシリアルポートに接続されているかを設定します。図4.8に示すように「ツール」メニューから「シリアルポート」を選び,「Arduinoと接続しているUSBポート」を選択します。最近のバージョンでは「COM5（Arduino/Genuino Uno)」のように表示されています。

図4.8　シリアルポートの選択

Tips

通信のポート設定で困ったとき

- シリアルポートが選択できない場合,
  - USBを何度か抜き差しすると選択できるようになる場合があります。
  - 「Arduinoがパソコンにつながっていない」または「ドライバーが正しく認識されていない」ことが考えられますので，4.5節を見直してください。
- シリアルポートの選択肢が2つ以上ある場合は，Arduino Unoを選択してください。

4.7 サンプルスケッチで動作確認

サンプルスケッチを動かすことで，インストールや初期設定が正しくできているかを確認します。この節で動かすサンプルスケッチは図 4.2 の左上にある L と書いてある確認用 LED を点滅させるスケッチです。

サンプルスケッチを開くために，図 4.9 のように「ファイル」メニューから「スケッチ例」の中の「01.Basics」の中の「Blink」を選択しましょう。開発環境がもう 1 つ開きます。

このスケッチを実行してみましょう。図 4.9 に示す「Upload ボタンをクリック」して，しばらく（15 秒程度）待ちます。アップロード中は Arduino の TX と RX と書かれた LED が点滅します。状態を表す部分の表示が「ボードへの書き込みが完了しました」と表示されます。少し待つと，Arduino ボード上の L と書かれた「確認用 LED が 1 秒おきに点滅」すれば成功です。

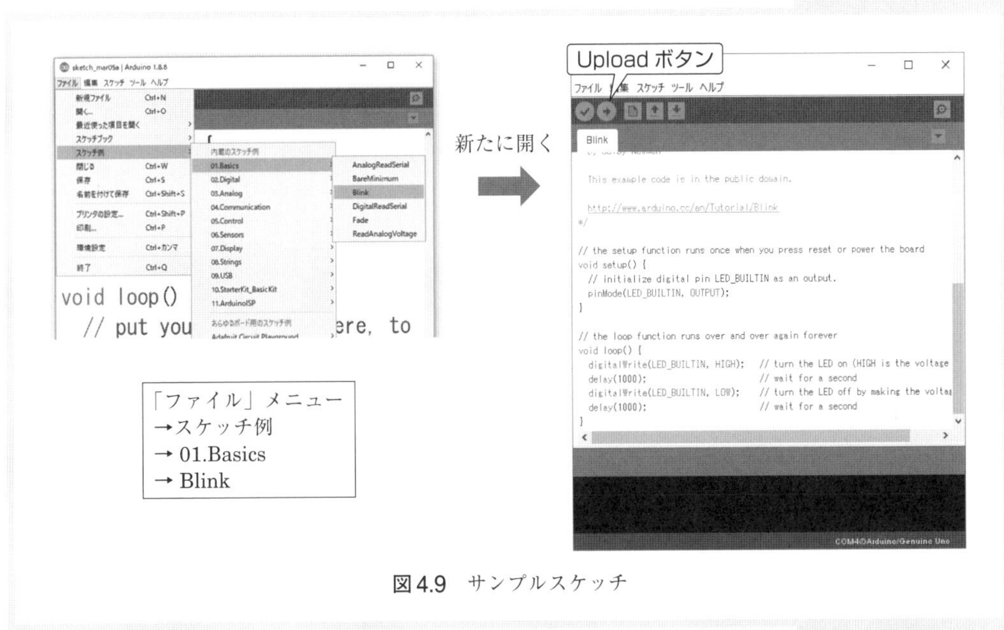

図 4.9　サンプルスケッチ

4.8 便利な電子パーツ

電子工作をするときには電子パーツが必要となります。図 4.10 に本書でよく使う電子部品をまとめました。また，各節の電子工作で使用するパーツはそれぞれの節で示してあります。そして，付録 B に全部の節で使用するパーツと購入できる店舗をまとめてあります。

4.9 プログラム

本書で使うプログラムは以下のホームページからダウンロードできるようになっています。

https://web.tdupress.jp/downloadservice/

プログラムを打ち込むだけでもプログラムはどんどん上達します。しかし，打ち込みミスなどで動かない場合もあると思います。それを直すのに時間を取られて，電子工作の興味を失ってしまうことがあります。「たのしくできる」ためにもぜひご利用ください。

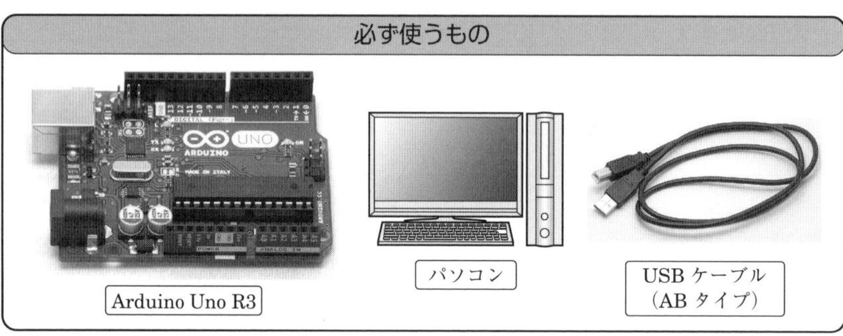

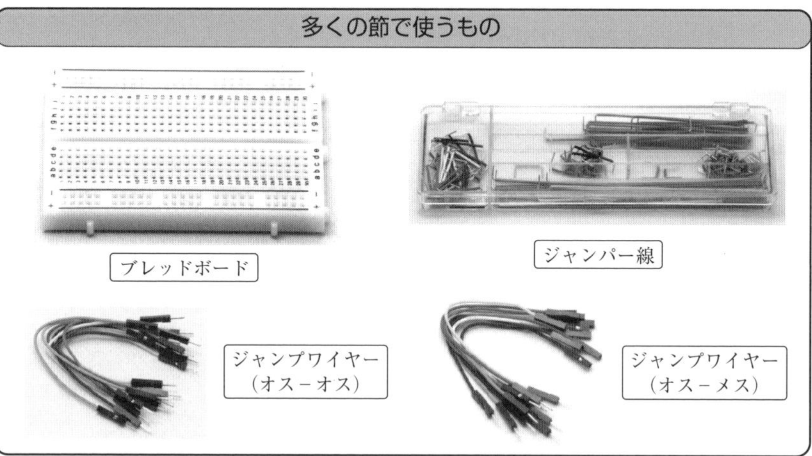

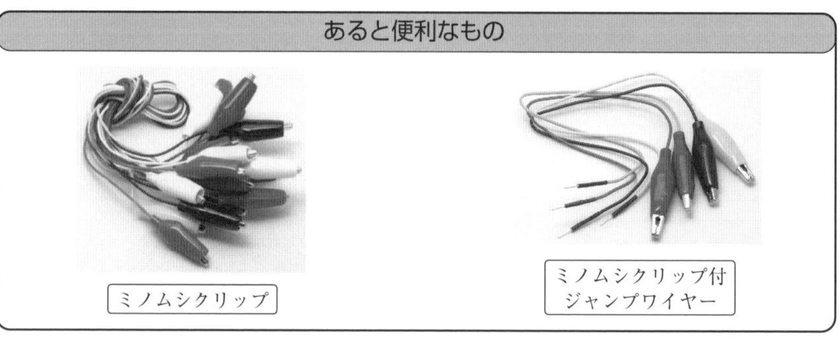

図 4.10　本書の電子工作に使用する部品の例

コラム　ブレッドボードの使い方

本書ではブレッドボードによる電子工作を行います。ここで，ブレッドボードはどのようにつながっているかを図 A.1 を用いて説明します。

ブレッドボードは図 A.1 に示すようにたくさんの穴が開いていて，その穴にジャンパー線を挿して使います。ブレッドボードの縦の穴はつながっています。そして，横の穴はつながっていません。縦の穴は中央部分にある溝で 2 つに分かれています。そして，下の方にある横一列につながっている部分もあります。

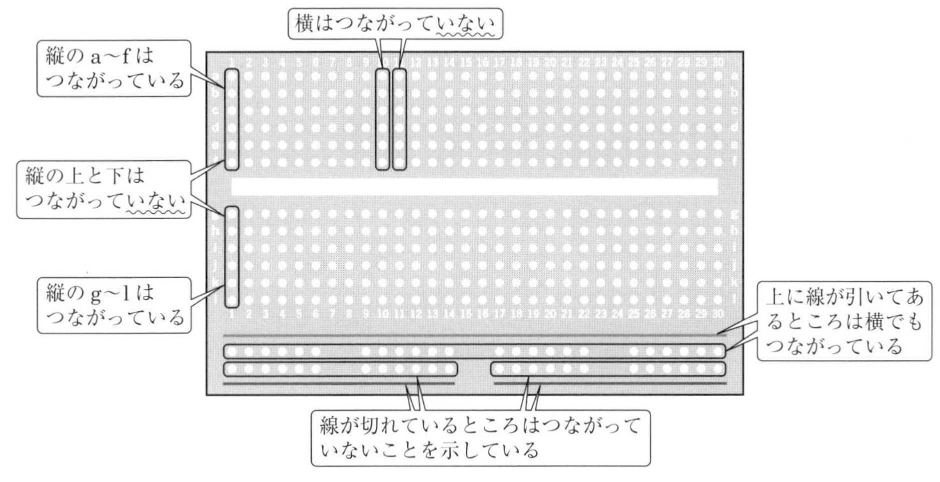

図 A.1　ブレッドボードの使い方

例として，図 A.2 に示す回路図をブレッドボードで実現してみます。Arduino の GND ピンから出た線はブレッドボードの横一列がつながっている部分の上側にジャンパー線でつないでいます。そして，横の列のほかの穴からジャンパー線で抵抗のつながっている列につないでいます。

抵抗は，真ん中の溝を挟んでいます。そして，つながっている縦列に LED の片方を差し込み，もう一方をほかの縦列に差し込んでいます。そして，それを 5V ピンにジャンパーでつないでいます。

このように，縦列と横列をうまく使うことで回路をつくることができます。

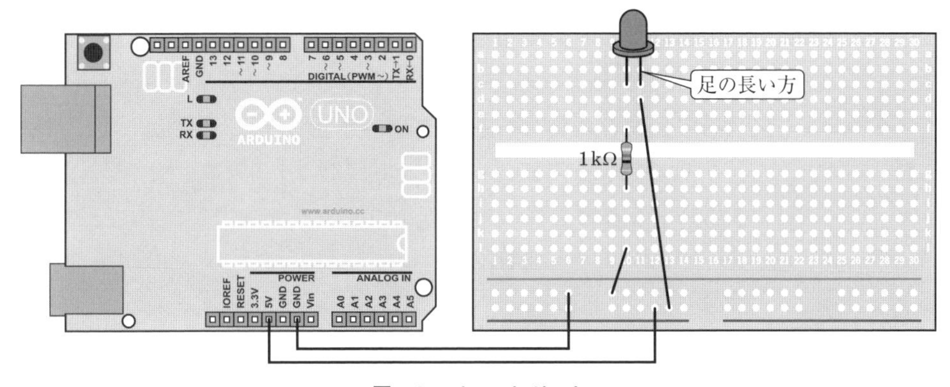

図 A.2　ブレッドボード

第5章 Arduinoの基本

電子工作をするときはLEDを光らせたりモータを回したりする出力と，スイッチやセンサの値を読み取ったりする入力が重要となります。この章では入力と出力の基本的な使い方を説明します。

5.1 LEDを点灯・消灯させるスケッチ

使用する電子部品
なし

電子工作の基本となる**Lチカ**と呼ばれるLEDの点灯と消灯を繰り返すスケッチを作ります。これを作ることで，Arduinoスケッチの基礎を説明します。本節ではArduinoボードに付いている確認用LEDを光らせますので，電気回路は作りません。

スケッチをリスト5.1に示します。

▶リスト5.1◀ LEDが点灯と消灯を繰り返す（Arduino用）：LED_digital.ino

```
1  void setup() {                         // 一度だけ実行される
2    pinMode(LED_BUILTIN, OUTPUT);        // Arduinoボードに付いているLEDを出力に
3  }
4
5  void loop() {                          // 何度も繰り返し実行される
6    digitalWrite(LED_BUILTIN, HIGH);     // LEDを光らせる
7    delay(1000);                         // 1000ミリ秒待つ
8    digitalWrite(LED_BUILTIN, LOW);      // LEDを消す
9    delay(1000);                         // 1000ミリ秒待つ
10 }
```

スケッチの解説です。

1行目のsetup関数は，はじめに**一度だけ実行**されます。変数の初期化やピンの設定などをここに書きます。2行目のpinMode関数でArduinoに付属しているLEDがつながったピン（LED_BUILTIN）を出力に設定しています。pinMode関数の1番目の引数でピンの番号を設定し，2番目の引数で出力（OUTPUT）か入力（INPUT），何もつながってないときに「HIGH」となる入力（INPUT_PULLUP）を設定します。

5行目のloop関数は，setup関数が終わった後に**何度も実行**されます。このloop関数の中にスケッチを書くこととなります。ここでは，6行目のdigitalWrite関数でLEDを点灯しています。このdigital

Write 関数の 1 番目の引数で出力するピン番号を設定し，2 番目の引数で HIGH もしくは LOW を設定します*1。7 行目の delay 関数で 1000 ミリ秒（1 秒）待ってから，8 行目で LED を消灯します。そして，1 秒待ってから（9 行目）再び 6 行目で LED を点灯します。

*1 HIGH の場合は 5V が出力され，LOW の場合は 0V となります。

5.2 LED の明るさの変更

LED の明るさを変えてみましょう。ここではじわっと明るくなって，明るさが最大になったらぱっと消え，再びじわっと明るくなるスケッチを作ります。これにはアナログ出力できるデジタルピン（〜マークの付いているピン）を使う必要があります。そこで本節ではデジタル 9 番ピンに LED をつなぐために，図 5.1 に示す回路を作ります。本書では配線図も示します。

使用する電子部品	
LED	1 個
抵抗（1 kΩ）	1 本

スケッチをリスト 5.2 に示します。

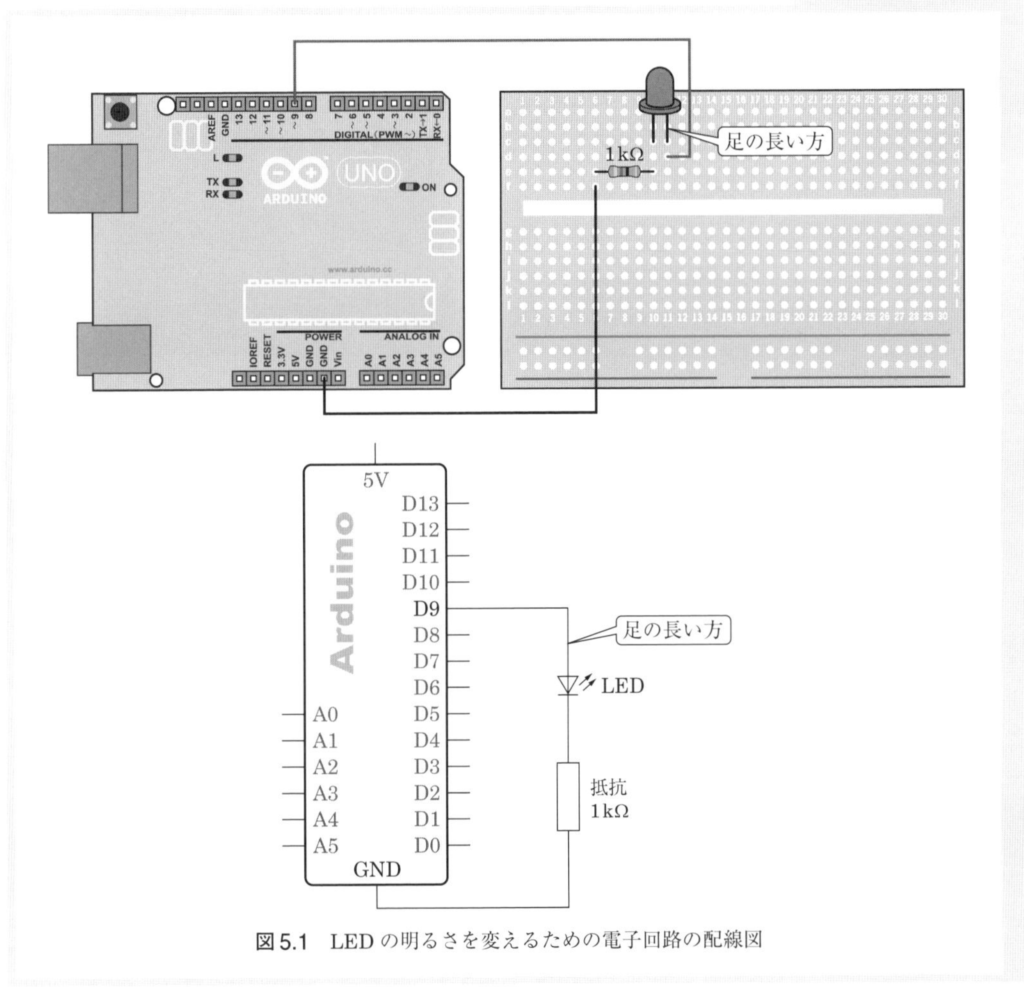

図 5.1 LED の明るさを変えるための電子回路の配線図

▶リスト5.2◀　LEDが徐々に明るくなる（Arduino用）：LED_analog.ino

```
1  void setup() {
2    pinMode(9, OUTPUT);    // デジタル9番ピンを出力に
3  }
4
5  void loop() {
6    for(int i=0;i<256;i++){
7      analogWrite(9, i);  // iの値に従って明るさを設定
8      delay(10);
9    }
10 }
```

スケッチの解説です。

まずはデジタル9番ピンを出力に設定しています（2行目）。

ピンにかかる電圧をアナログ的に出力するには7行目の`analogWrite`関数を使います。この関数の1番目の引数で出力するピン番号を設定し，2番目の引数で`0`から`255`までの値を設定します。`0`を設定すると0Vとなり，`255`を設定すると5Vが出力されます。たとえば，`64`を設定すると約1.25 V（=64/255×5）が出力されます*2。

この出力の値を10ミリ秒おき（8行目）に`0`から`255`まで変える（6行目の`for`文）ことで，約2.5秒の周期でLEDがじわっと明るくなります。

＊2　実際にはアナログ電圧が出力されるのではなく約490Hz（または約980Hz）のPWM信号のデューティー比を変えています。

5.3　値の読み込み

使用する電子部品	
スイッチ	1個
ボリューム	1個

スイッチのON/OFFとボリューム（可変抵抗）にかかる電圧の値を読み込むスケッチを作ります。電圧の読み取り方がわかるとさまざまなセンサに応用できます。そして，読み取った値をシリアルモニタに表示します。

センサで計測した値が電圧の大きさとして出力されるものが多くあります。たとえば，以下のセンサです。

- 距離センサ：GP2Y0A21YKなど
- 温度センサ：LM35DZなど
- 加速度センサ：KXR94-2050など
- 照度センサ（フォトトランジスタ）：NJL7302L-F3など
- ジャイロセンサ：ENC-03RC/Dなど

ただし，直線的な関係があるわけではなく，たとえば，距離センサ（GP2Y0A21YK）は図5.2のような距離と電圧の関係があります。この図を読み取ることで電圧と距離の関係式を作ります。筆者の実験では電

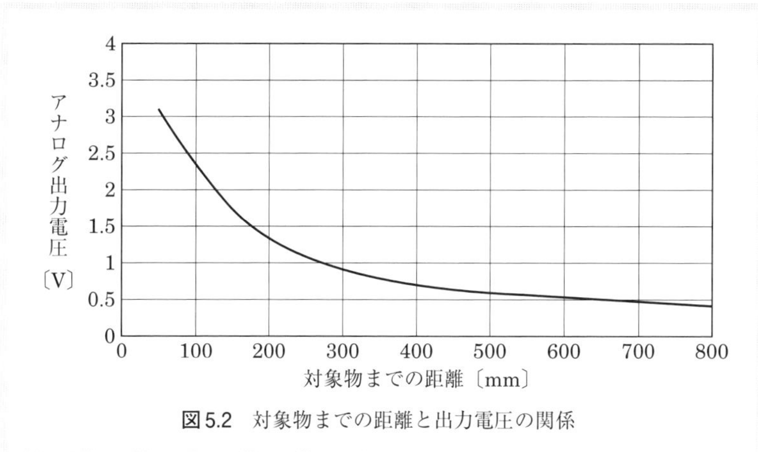

図 5.2 対象物までの距離と出力電圧の関係

圧を v，距離を l としたとき，以下の関係式を用いると，電圧から距離（ミリメートル）の変換がうまくいきました。

$$l = \frac{4000}{v + 1} \text{〔mm〕} \tag{5.1}$$

今回は簡単に実装するために図 5.3 の配線図に示すように，ボリューム（可変抵抗）を使い抵抗の分圧を変えることで電圧値を変えるものとします*3。図 5.3 に示すように，電圧を読み取るときにはアナログピンを使います。本節ではアナログ 0 番ピンを使います。そして，スイッチは図 5.3 に示すようにデジタル 2 番ピンに接続します。さらに，内部プルアップという機能*4 を使ってスイッチが押されたら GND ピンにつながるようにするだけで動作するようにします。

スケッチをリスト 5.3 に示します。実行すると図 5.4 のようにシリアルモニタに値が 0.5 秒（500 ミリ秒）おきに表示されます。

＊3　加速度センサを使う方法は 10 章，距離センサを使う方法は 12 章に載せます。

＊4　何もつながっていないときに「HIGH」となる機能です。

▶リスト 5.3◀　スイッチの状態と電圧値を読み取りシリアルモニタに表示（Arduino 用）：Monitor.ino

```
void setup() {
  Serial.begin(9600);          // シリアルモニタを使うための設定
  pinMode(2, INPUT_PULLUP); // デジタル 2 番ピンを入力に（何もつながっていない場合 HIGH）
}

void loop() {
  int a, b;
  a = digitalRead(2);          // デジタル 2 番ピンの値を読む
  b = analogRead(0);           // アナログ 0 番ピンの値を読む
  Serial.print(a);             // a の値をシリアルモニタに表示
  Serial.print("¥t");          // タブ文字を表示
  Serial.println(b);           // b の値をシリアルモニタに表示して改行
  delay(500);
}
```

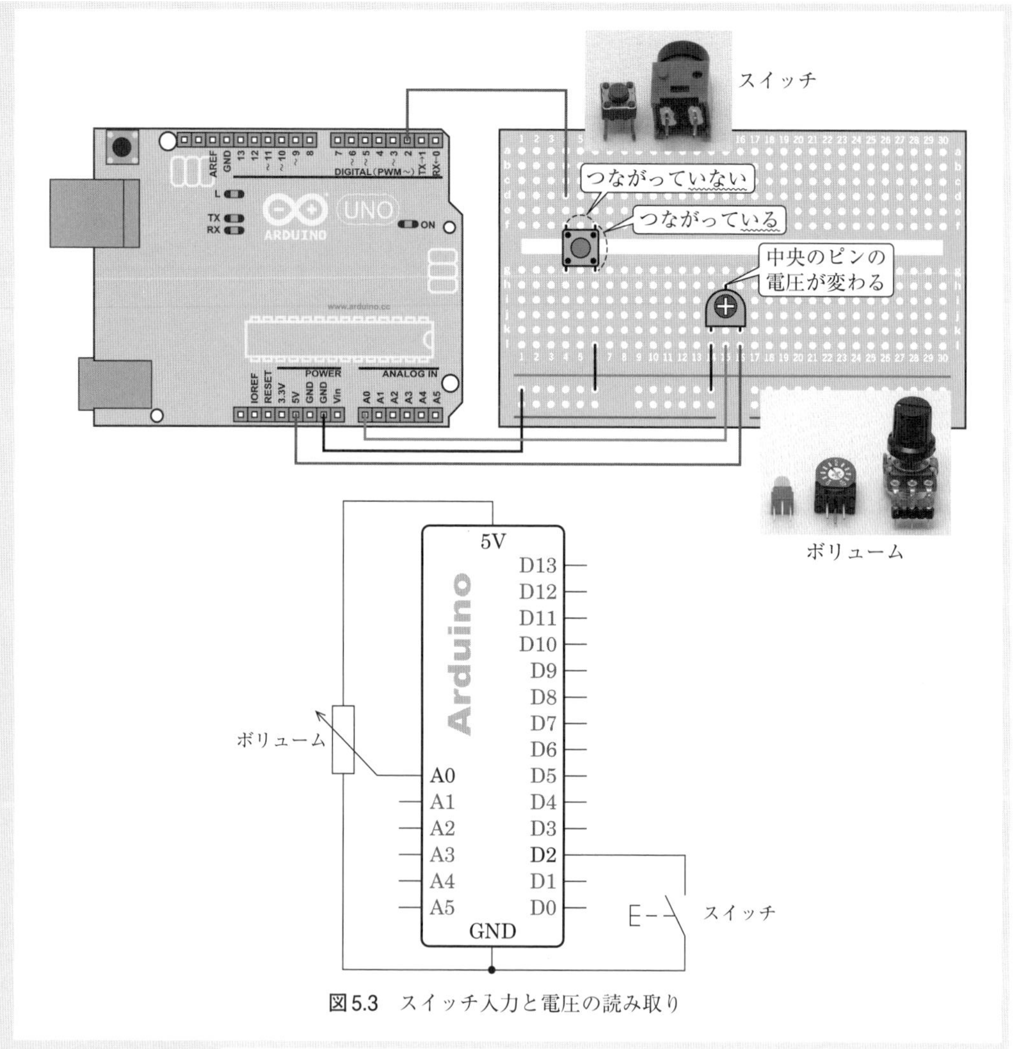

図5.3 スイッチ入力と電圧の読み取り

スケッチの解説です。

まずは1回だけ実行する setup 関数の中で初期設定を行います。

2行目の Serial.begin 関数でシリアルモニタを使うための設定を行います。引数は通信速度で，9600 bps としてあります。この値を変えると通信速度を変更できます*5。

*5 変更する場合は図5.4に示す位置に書かれたシリアルモニタの通信速度の設定も変更する必要があります。

3行目ではデジタル2番ピンを入力に設定しています。1番目の引数が入力に設定するデジタルピンの番号，2番目の引数が入力とするための宣言です。ここでは何もつながない場合は「HIGH」として認識されるように INPUT_PULLUP を設定しています。なお，アナログピンは入力として設定する必要はありません。

次に，何度も繰り返す loop 関数の中を説明します。

この回路ではスイッチが押されていないときは5V，押されているときは0Vとなります。0Vと5Vを判定するときは，デジタルピンを使います。これには 8 行目の digitalRead 関数を使います。この関数の引数はデジタルピンのピン番号で，読み取った値は 0（GND ピンにつながった場合）もしくは 1（どこにもつながっていない場合）です。

アナログピンの電圧を読み取るときには 9 行目の analogRead 関数を使います。この引数はアナログピンのピン番号です。そして，0～5V の電圧を 0～1023 までの数値（10 ビット階調）に変換して読み取ります。

シリアルモニタとは図 5.4 に示すように右上のボタンを押すと開くウインドウのことです。10～12 行目に示す Serial.print 関数や Serial.println 関数で値や文字を Arduino からパソコンへ送ります。パソコンは送られた値や文字を受信するとシリアルモニタにそれらを表示します。なお，Serial.print と Serial.println の違いは改行コードを付けて送るかどうかです。

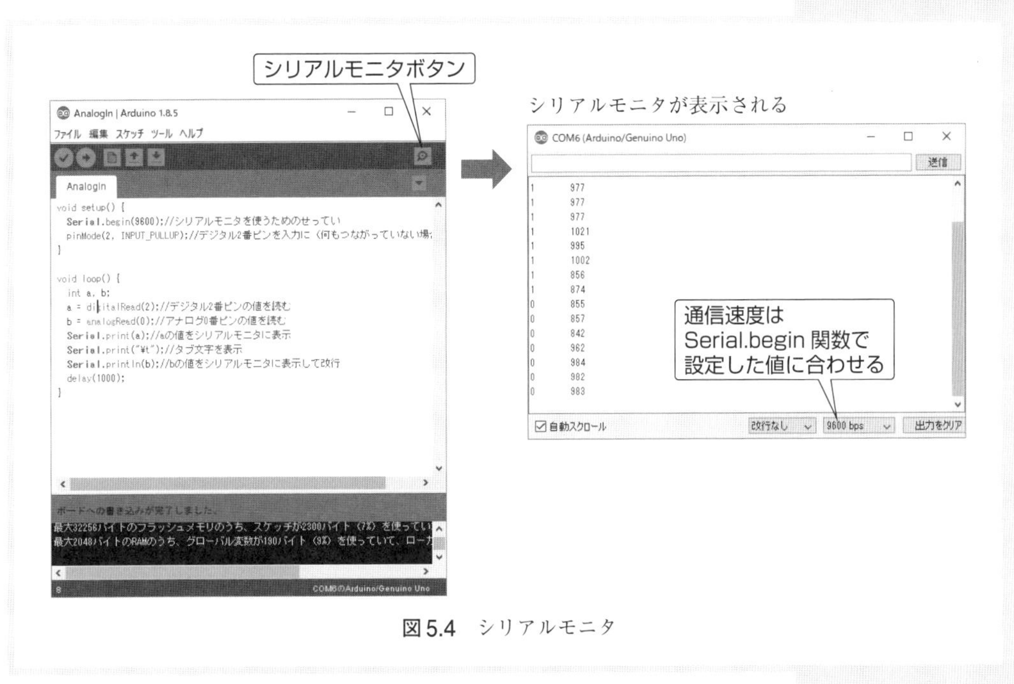

図 5.4　シリアルモニタ

5.4　ボリュームでサーボモータの角度を変える

図 5.5 に示すようにボリュームを回すとサーボモータの角度が変わるものを作ります。サーボモータは 8 章や 11 章，12 章の電子工作で使用します。

本節で使う配線図を図 5.6 に示します。この回路では電池もしくは AC アダプタを使用します。AC アダプタを使うときには図 5.7 に示す

使用する電子部品
サーボモータ（SG-90）　1 個
ボリューム　1 個
AC アダプタ（5 V）　1 個
ブレッドボード用 DC ジャック DIP 化キット　1 個

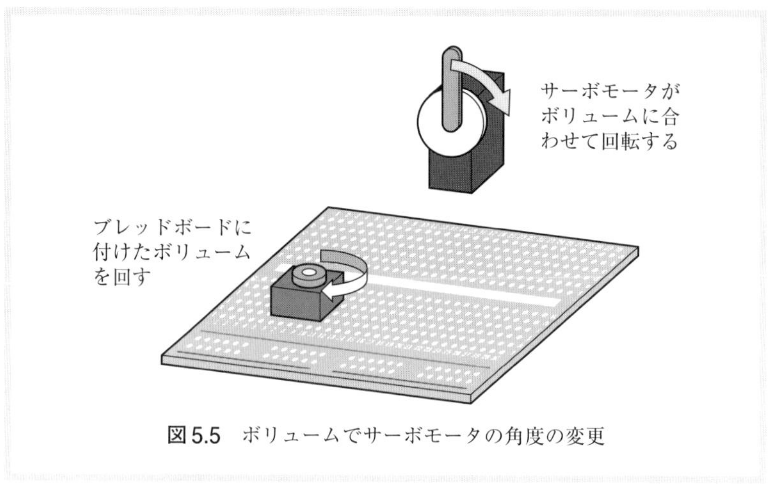
サーボモータが
ボリュームに合
わせて回転する
ブレッドボードに
付けたボリューム
を回す

図5.5 ボリュームでサーボモータの角度の変更

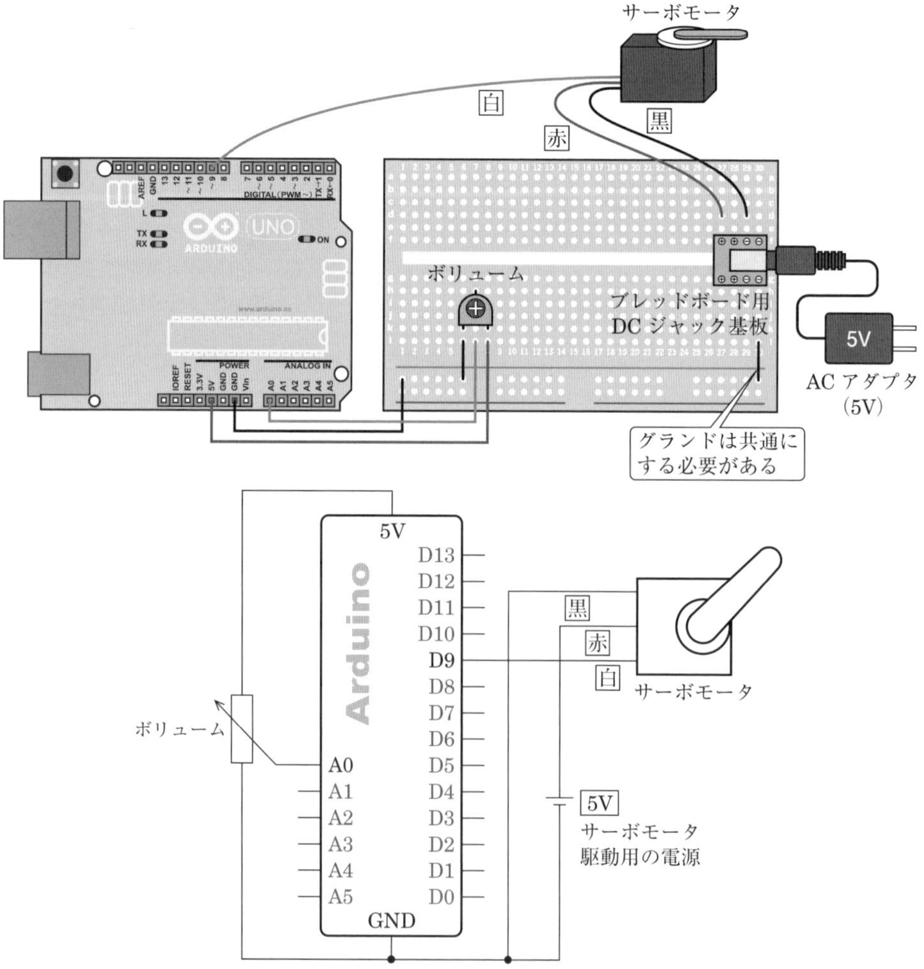

図5.6 サーボモータを回すための配線図

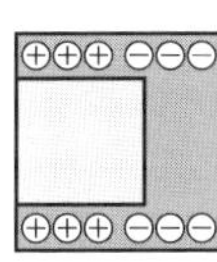

図 5.7 DC ジャックをブレッドボードに取り付けるためのキット
（プラス端子とマイナス端子の位置に注意してください）

DC ジャックがブレッドボードに付けられるキット*6 を使用すると簡単に実現できます。

スケッチをリスト 5.4 に示します。

1 行目でサーボモータ用ライブラリを読み込み，3 行目でサーボモータを使うための設定をしています。そして，6，7 行目でデジタル 9 番ピンを使ってサーボモータを動かす設定をしています。

このスケッチでは 5.3 節で説明した方法でアナログ電圧を読み取ってその値に従ってサーボモータの角度を変えます。そこで，11 行目でアナログピンの値を v に代入します。サーボモータは角度で設定するため，12 行目の map 関数で 0～1023 までの値を 0～180 までの値に変換しています。サーボモータの種類によっては 0 や 180 を指定すると不安定に振動することがあります。その場合は 10～120 の範囲の値を使ってください。なお，map 関数は $v \times 180/1023$ の計算をしています。その値を使って 13 行目でサーボモータの角度を変えています。

*6　秋月：ブレッドボード用 DC ジャック DIP 化キット

▶リスト 5.4◀　サーボモータをボリュームで回す（Arduino 用）：Servo.ino

```
1  #include <Servo.h>
2  
3  Servo mServo;                      // サーボモータを使うための設定
4  
5  void setup() {
6    pinMode(9, OUTPUT);
7    mServo.attach(9);                // デジタル 9 番ピンをサーボモータに使う
8  }
9  
10 void loop() {
11   int v = analogRead(0);           // 値を読み取る
12   v = map(v, 0, 1023, 0, 180); // 値の変更
13   mServo.write(v);                 // サーボモータを回す
14   delay(20);
15 }
```

第6章 パソコンとArduinoの通信

本書ではパソコンとArduinoを通信させて，深層学習と電子工作を連携させます。本章では，以下の２つを順に説明します。

- Arduinoからパソコンへのデータの送り方
- パソコンからArduinoへのデータの送り方

なお，Arduinoとパソコンの通信中はシリアルモニタが使えなくなります。

6.1 パソコンの通信の準備

Arduinoとパソコンは**シリアル通信**で情報のやり取りをします。Pythonでシリアル通信を行うにはpyserialライブラリを使います。そのインストール方法を以下に示します。

Windowsの場合はAnacondaを使います。AnacondaPromptを起動してから，pyserialライブラリをインストールするために以下に示すcondaからはじまるコマンドを実行します。なお，ここでは執筆時のバージョンに合わせるためにバージョン3.4をインストールしています。このコマンドを実行すると，「Solving environment: done」からはじまる行が表示されます。少し待つと「Proceed ([y]/n)?」と聞かれますので，「y」を入力してEnterキーを押します。インストールに成功すると「Executing transaction: done」と表示されます。

```
> conda install -c anaconda pyserial==3.4
Solving environment: done ←この行からはじまる
(中略)
Proceed ([y]/n)? y ←「y」を入力後，「Enter キー」
(中略)
Executing transaction: done ←この行が表示されると終わる
```

インストールの確認はPythonのターミナルで行います。プロンプトでpythonとだけ入力します。

>>>と表示されたらターミナルに入っています。

「import serial」と入力してEnterキーを押しても何も表示されなければ成功しています。

```
> python
>>> import serial
```

その後，Arduinoとパソコンをつないで10秒ほど待ってから，serial.Serial関数でシリアルポートの情報を取得し，print関数で情報を表示させると，シリアルポートの情報が表示されます*1。最後は，「ser.close()」コマンドでシリアル通信を終了させておきましょう*2。なお，通信速度は指定しないと9600 bpsとなります。

終了はCtrl＋DもしくはCtrl＋Zの後Enterとします。

```
>>> ser = serial.Serial('COM5')
>>> print(ser)
Serial<id=0x1ff19904b00, open=True>(port='COM5',
    baudrate=9600, bytesize=8, parity='N', stopbits=1,
    timeout=None, xonxoff=False, rtscts=False,
    dsrdtr=False)
>>> ser.close()
```

*1　通信がうまくいっていない場合はエラーが表示されます。

*2　終了させない場合Arduinoスケッチを書き込むことができない場合があります。その場合はWindowsを再起動すると書き込めるようになります。

6.2 Arduinoからパソコンへのデータ送信

Arduinoからパソコンへ1バイト文字を送信する方法と，複数の数値データを送信する方法を順に説明します。そして最後に，データロガーを作る方法を説明します。

(1) 1バイト文字の送信

図6.1に示すように，Arduinoから1バイトの文字を送り，パソコンで受信してプロンプトに表示するものを作ります。

まずは，Arduinoスケッチをリスト6.1に示します。

2行目のSerial.begin関数で通信速度を決めます。この通信速度は，この後説明するPythonの設定と同じにする必要があります。

Arduinoからの送信にはSerial.print関数を使います。なお，1バイトの文字を送るときには改行付きのSerial.println関数ではないことに注意してください*3。11行目で1秒間待っています。これを

*3　改行付きで送信した場合¥nという改行コードも1文字として送られてしまうため不具合が出ます。

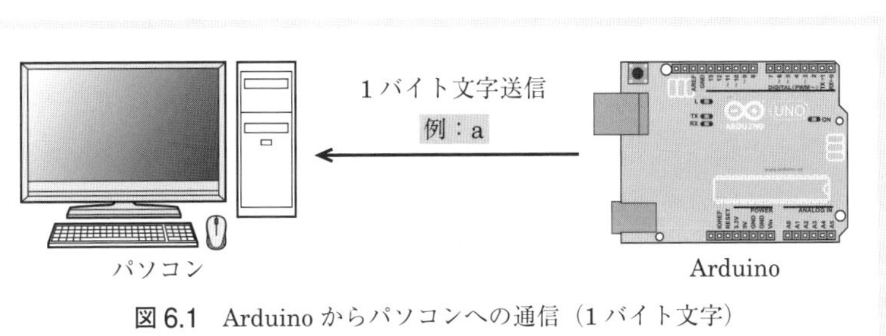

図6.1　Arduinoからパソコンへの通信（1バイト文字）

▶リスト 6.1◀　0 から 9 までの数字を 1 秒おきに送信（Arduino 用）：Serial_send_1.ino

```
void setup() {
  Serial.begin(9600);
}

void loop() {
  static int count=0;
  Serial.print(count);
  count ++;
  if(count == 10)
    count = 0;
  delay(1000);
}
```

繰り返しますので，1 秒おきにカウントアップする値が送られることとなります。

なお，ボードへの書き込みが終了すると TX と書かれた通信用 LED が 1 秒おきに点滅します。

これを受信するためにパソコンで実行する Python スクリプトをリスト 6.2 に示します。

▶リスト 6.2◀　1 バイト文字を受信（Python 用）：serial_receive.py

```
1  # -*- coding: utf-8 -*-
2  import serial
3  import time
4  
5  ser = serial.Serial('COM5', timeout=0.5)
6  time.sleep(5.0)
7  for i in range(10):
8      line = ser.read()
9      print(line)
10 ser.close()
```

5 行目の serial.Serial 関数でシリアル通信の設定をしています。この関数で，ポートの設定を行います。ポート番号は Arduino にスケッチを書き込むときに使った番号と同じです。ポートの番号は Arduino の開発環境のメニューから「ツール」→「シリアルポート」を選ぶことで確認できます。そして 2 つ目の引数でタイムアウトまでの時間を秒単位で設定しています。この設定がない場合値が送られてくるまでずっとスクリプトが停止して，中断することもできなくなります。Python スクリプトでシリアル通信の設定をすると，Arduino スケッチの再起動がかかります。これにより，Arduino スケッチが最初からはじまります。

Arduino スケッチの再開を待つために time.sleep 関数で 5 秒待ちます（6 行目）。

7行目で10回の繰り返しを設定し，ser.read関数で1文字読み込んで，それを以下のようにプロンプトに表示しています。10回の繰り返しが終わったらser.close関数でシリアル通信を終了しています。

リスト6.2はシリアル通信の開始と終了が入っていてわかりやすいのですが，途中でスクリプトを強制的に終了させると，シリアル通信の終了が正常に行われないことがあります。

本書ではリスト6.3に示すようにwithとasを用いてシリアル通信の設定を行うものとします。なお，実行結果はリスト6.2と同じです。

▶リスト6.3◀　1バイト文字を受信（with as使用）（Python用）：serial_receive_1.py

```
# -*- coding: utf-8 -*-
import serial
import time

with serial.Serial('COM5') as ser:
    time.sleep(5.0)
    for i in range(10):
        line = ser.read()
        print(line)
```

```
>python serial_receive.py
b'0'
b'1'
b'2'
（中略）
b'8'
b'9'
```

（2）複数の値の送信

今度は図6.2に示すように，3つの値をカンマ区切り（1, 1, 2.00）で送る方法を示します。3つの値を送るためにリスト6.1の7行目をリスト6.4として書き換えます。リスト6.4はリスト6.5のように1行で書くこともできます。これにより，「0, 0, 0.00」，「1, 1, 2.00」といった具合に整数が2つと小数点の付いた値が1つ送られるようになります。このときのポイントは「println関数を用いて改行コード付きで送る」

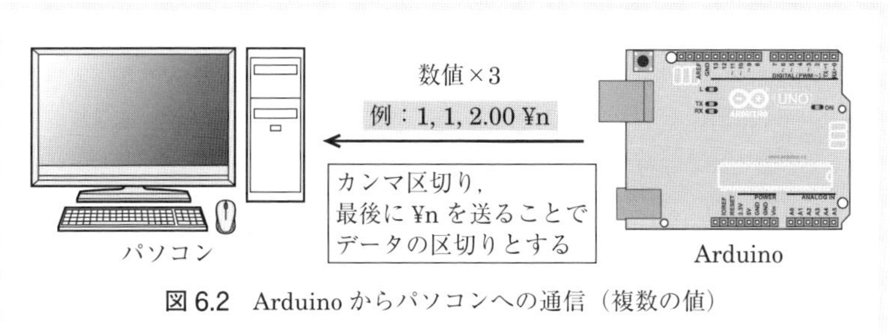

図6.2　Arduinoからパソコンへの通信（複数の値）

ところです。改行コードを送ることで値の最後を知らせます。

▶リスト 6.4◀　3つの文字を送る（Arduino 用）：serial_send_3.ino

```
Serial.print(count);
Serial.print(',');
Serial.print(count);
Serial.print(',');
Serial.println(count*2.0);
```

▶リスト 6.5◀　3つの文字を送る（1行で記述）（Arduino 用）：Serial_send_3_1line.ino

```
Serial.println(String(count)+','+String(count)+','+String(count*2.0));
```

3つの値を受信するための Python スクリプトをリスト 6.6 に示します。ここでのポイントは2つあります。

1つ目のポイントは8行目の「読み込みには ser.readline 関数を使う」ところです。これにより，改行コードまでを一気に読み込むことができます。

2つ目のポイントは9行目の「改行コードを取り除き，utf-8 へデコードする」ところです。これにより以下に示すように，今まで付いていた b という文字を取り除くことができます。さらに今回新たに付いた¥n という文字も取り除くことができます。

```
>python serial_receive3
0,0,0.00
1,1,2.00
2,2,4.00
(中略)
8,8,16.00
9,9,18.00
```

▶リスト 6.6◀　3つの値を受信する（Python 用）：serial_receive_3.py

```
1  # -*- coding: utf-8 -*-
2  import serial
3  import time
4  
5  with serial.Serial('COM5') as ser:
6      time.sleep(5.0)
7      for i in range(10):
8          line = ser.readline()
9          line = line.rstrip().decode('utf-8')
10         print(line)
```

(3) データロガーを作成

Arduino で計測したデータをパソコンに送って，パソコンでそのデータを保存するデータロガーと呼ばれるものを作りましょう。

Arduino スケッチはリスト 6.4 を用います。このスケッチは図 6.2 に示す通信となり，1 秒おきに「0, 0, 0.00」,「1, 1, 2.00」といった具合に送信されるものです。ここでは 0, 1, 2, 3 と増加するものでしたが，センサの値を送信することで時刻とデータの値をセットで保存するデータロガーとなります。

次に，Arduino からの値を受信して，「ファイルに保存」するための Python スクリプトをリスト 6.7 に示します。Python スクリプトが 10 回の繰り返しの途中で終わるとファイル出力の終了処理が行われないこともあります。その場合，ファイルに値が正常に保存されないことが起こります。そこで，7 行目に示すように with と as を用いて書き出すファイルの設定をしています。これにより，終了処理が自動的に行われることになります。そして，ファイルへの出力は 12 行目で行っています。

これを実行するとプロンプトにリスト 6.6 を実行したときと同じ出力が表示されます。そして，data.txt に同じ値が保存されます。

▶リスト 6.7◀　3 つの値を受信してファイルに保存（Python 用）：serial_receive_datalogger.py

```
1  # -*- coding: utf-8 -*-
2  import serial
3  import time
4
5  with serial.Serial('COM5', timeout=2.0) as ser:
6      time.sleep(5.0)
7      with open('data.txt', 'w') as f:
8          for i in range(10):
9              line = ser.readline()
10             line = line.rstrip().decode('utf-8')
11             print(line)
12             f.write((line)+'¥n')
```

6.3 パソコンから Arduino へのデータ送信

今度は先ほどとは逆に，図 6.3 に示すようにパソコンから Arduino へ文字や値を送る方法を説明します。これにより，深層学習で得られた結果を使って電子工作を動かすことができるようになります。まずは，パソコンから Arduino へ 1 バイト文字を送信する方法を説明します。その後，数値を送信する方法の説明を行います。

(1) 1バイト文字の送信

図6.3に示すような，パソコンから1バイトの文字を送り，Arduinoで受信して確認用LEDを点灯と消灯させるものを作ります。Arduinoには「a」を受信すると確認LEDが点灯し，「b」を受信すると確認用LEDが消灯するようなスケッチを書き込みます。

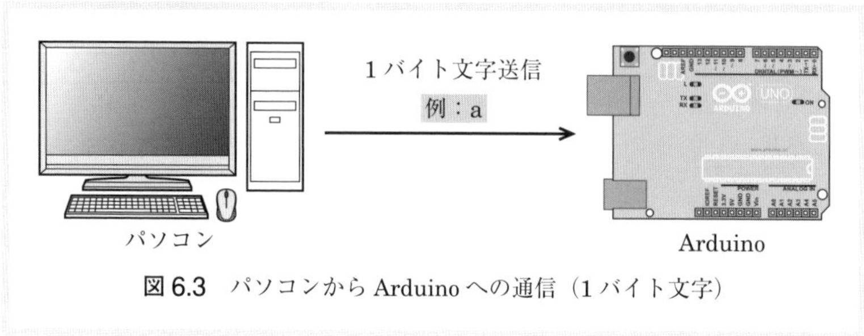

図6.3 パソコンからArduinoへの通信（1バイト文字）

まず，Arduinoで受信して，送られた文字によって確認用LEDを点灯・消灯させるスケッチをリスト6.8に示します。この手順は以下とします。

- パソコンから文字が送られてきたかどうか調べる
- 送られていればそれを受信
  - 「a」ならばLEDの点灯
  - 「b」ならばLEDの消灯

なお，Arduinoに付いている確認用LEDを使いますので回路は作りません。

▶リスト6.8◀ 「a」か「b」を受信したら確認用LEDの点灯と消灯を切り替える（Arduino用）：Serial_receive_byte.ino

```
1  void setup() {
2    Serial.begin(9600);
3    pinMode(LED_BUILTIN, OUTPUT);
4  }
5  
6  void loop() {
7    if(Serial.available()>0){
8      char c = Serial.read();
9      if(c=='a')
10         digitalWrite(LED_BUILTIN,HIGH);
11     else if(c=='b')
12         digitalWrite(LED_BUILTIN,LOW);
13   }
14 }
```

このスケッチを説明します。

7行目のSerial.available関数の戻り値がArduinoが受信したデータのバイト数となっていますので，この値が0以上であればArduino

が何か受信したことがわかります。

8行目のSerial.read関数で一文字だけ読み取ります。これにより，何を受信したのかわかります。そして，1文字受信したためSerial.available関数の戻り値が1だけ減ります。

9，10行目で受信した変数がaならば確認用LEDを点灯します。11，12行目で受信した変数がbならば確認用LEDを消灯します。

これで受信の準備は整いました。

次に，パソコンで文字を送信するスクリプトをリスト6.9に示します。受信と同じように5行目でシリアル通信の設定をwithとasを用いて行っています。その後，シリアル通信の確立をするまでの時間を待って，7～11行目で「a」を送信し，1秒待ち，「b」を送信し，1秒待つことを5回繰り返します。送信にはser.write関数を使います。

このスクリプトを実行するとArduinoの確認用LEDが1秒おきに5回点滅します。

▶リスト6.9◀ 「a」と「b」を交互に1秒間隔で5回送信（Python用）：serial_send_byte.py

```
1  # -*- coding: utf-8 -*-
2  import serial
3  import time
4
5  with serial.Serial('COM5') as ser:
6      time.sleep(5.0)
7      for i in range(5):
8          ser.write(b'a')
9          time.sleep(1.0)
10         ser.write(b'b')
11         time.sleep(1.0)
```

Tips

ターミナル上のコマンドで確認

Pythonはスクリプト言語ですので，コマンドで1行ずつ実行できる利点を使います。リスト6.8をArduinoに書き込んだら，Pythonのターミナルを起動します。ターミナルに入るためにpythonとだけ入力します。以下を実行するとリスト6.9と同じ動作が行えます。

```
> python
>>> import serial
>>> ser = serial.Serial('COM5')
>>> ser.write(b'a') ← LEDが光る
1
>>> ser.write(b'b') ← LEDが消える
1
>>> ser.close()
```

(2) 数値の送信

パソコンから数値を送ります。図 6.4 に示すように，数値は「0」～「255」の値とします。そして，その値で LED の明るさを変えるものを作ります。なお，analogWrite で設定できる範囲の値を送信するために「255」までの値を送っていますが，より大きい数（たとえば「400」や「1500」など）も送ることができます。

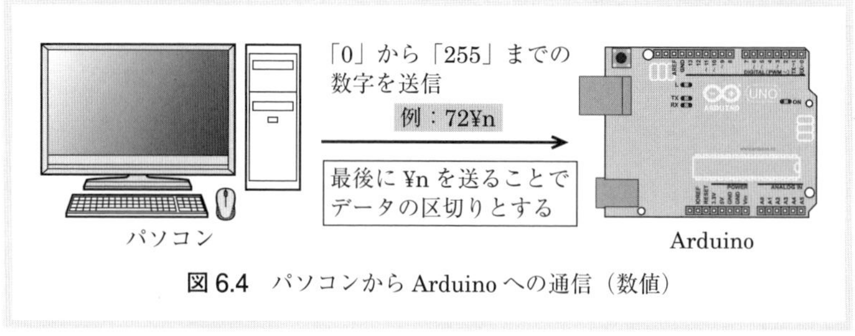

図 6.4 パソコンから Arduino への通信（数値）

確認用 LED は明るさを変えることはできないので，図 5.1 に示した電子回路を作成し，デジタル 9 番ピンを用いて LED の明るさを変えます。このスケッチをリスト 6.10 に示します。

このスケッチのポイントは 8 行目の Serial.parseInt 関数で long 型の整数値として受信する点です。なお，Serial.parseFloat 関数を用いると浮動小数点値として受信することができます。

▶リスト 6.10◀ 値を受信して LED の明るさを変える（Arduino 用）：Serial_receive_value.ino

```
1  void setup() {
2    Serial.begin(9600);
3    pinMode(9, OUTPUT);
4  }
5  
6  void loop() {
7    if(Serial.available()>0){
8      long int v = Serial.parseInt();
9      analogWrite(9, v);
10   }
11 }
```

次に，パソコンで数値を送信するスクリプトをリスト 6.11 に示します。このスクリプトは数値を文字に変換して送る点がポイントです。9 行目で値を str 関数で文字列に変換し，それを utf-8 にエンコードしています。そして，値の区切りとして改行コード（¥n）を値の後ろに付けて送信します。

最後に回路を作ります。今回使用する回路の回路図は図 5.1 です*4。

*4 図 5.1 は 49 ページ参照。

実行すると，LEDがぼわっと明るくなって，ぱっと消えることが5回繰り返されます。

▶リスト6.11◀　0から255までの値を5回送る（Python用）：serial_send_value.py

```
# -*- coding: utf-8 -*-
import serial
import time

with serial.Serial('COM5') as ser:
    time.sleep(5.0)
    for i in range(5):
        for j in range(255):
            ser.write((str(j)+'¥n').encode('utf-8'))
            time.sleep(0.01) # 0.01秒待つ
```

第7章 深層学習との連携 -ディープニューラルネットワーク-

図 7.1 に示すような回路を作り，２章で行った簡単な深層学習を用いて，電子回路と深層学習を連携させる練習からはじめます。

なお，本章では図 1.1 に示した深層学習のうちのディープニューラルネットワーク（DNN）を使って実現します。

本章では以下の手順で説明を行います。

①**収集（電子工作）** スイッチで学習のためのデータを作り，それを集める（7.1 節）

②**学習（深層学習）** 集めたデータで学習する（7.2 節）

③**分類（電子工作と深層学習の連携）** スイッチで得たデータから答えを分類する（7.3 節）

7.1 【収集】学習データの収集

使用する電子部品	
LED	5個
抵抗（1 kΩ）	5本
スイッチ	6個

図 7.1 には入力を作るための 3 つのスイッチ（入力スイッチ）と入力状態を表す 3 つの LED（入力 LED）が付いています。そして，出力を作るための 2 つのスイッチ（出力スイッチ）と 2 つの LED（出力 LED）が付いています。さらに，入力状態をパソコンに送るためのスイッチ（送信スイッチ）が 1 つだけ付いています。

作るべき学習データは 2 章に示しましたが，ここでもう一度，表 7.1 に示します。

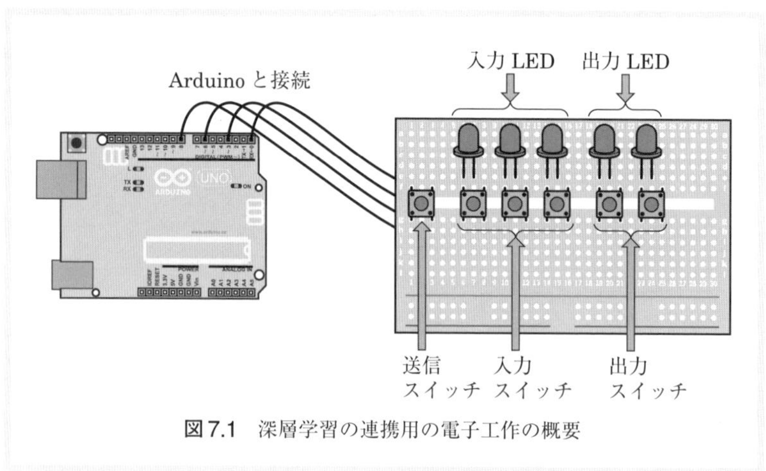

図 7.1 深層学習の連携用の電子工作の概要

表 7.1　0と1からなる3ビットの入力の1の個数（再掲）

入力	答え	入力	答え
000	0	100	1
001	1	101	2
010	1	110	2
011	2	111	3

(1) 電子工作

Arduinoを使ってスイッチで学習データを作るための電子回路の配線図を図7.2に示します。

まず，入力は3ビットなので3つのスイッチを使い，スイッチを押すたびにそれぞれのスイッチに対応したLEDが光ったり消えたりするものを作ります。この3つのLEDで入力データ（これが学習データと

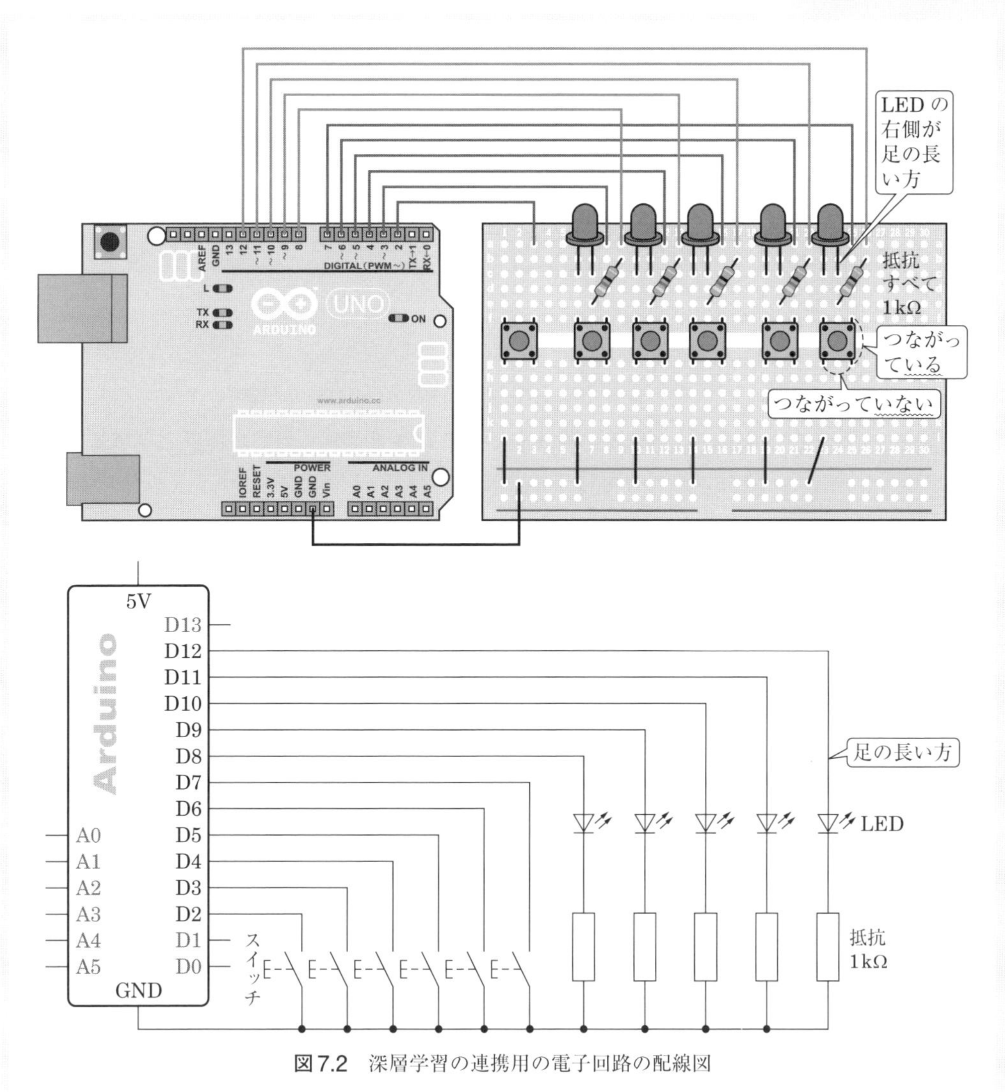

図 7.2　深層学習の連携用の電子回路の配線図

なる）を表し，LEDが光っているときは1を表し，消えているときは0を表すものとします。

次に，出力は0～3までの数字なので，2ビットの2進数でラベル（教師データ）を作るものとします。そこで，入力用のスイッチと同じ要領で2つのスイッチと2つのLEDを付けます。

たとえば，入力が001で出力が1の場合は図7.3(a)として表し，入力が101で出力が2の場合は図7.3(b)として表すものとします。さらに，作成したデータを送信するためのスイッチを付けます。

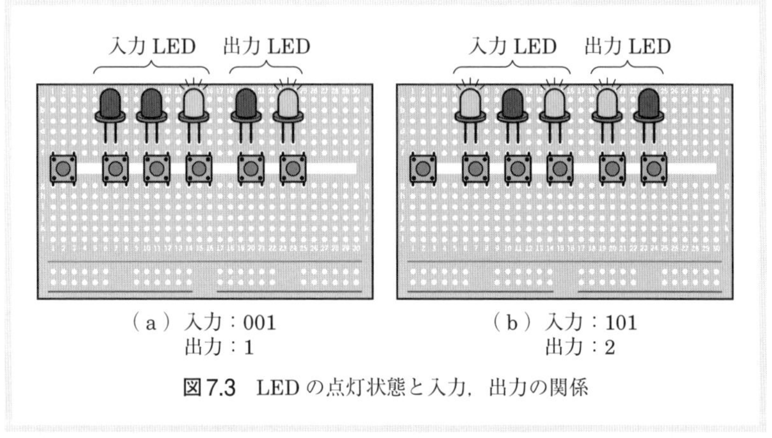

図7.3　LEDの点灯状態と入力，出力の関係

(2) データ通信

データを作成し，送信のためのスイッチが押されたらパソコンに送ります。これを図で表すと図7.4となります。データはカンマ区切りとし，改行コードを付けて送ります。

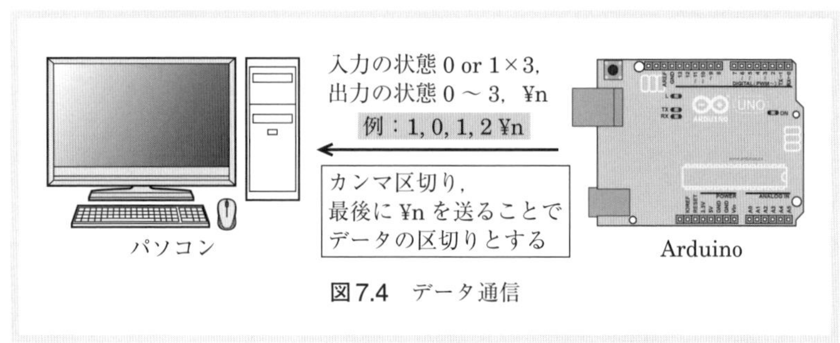

図7.4　データ通信

(3) スケッチ（Arduino）

スイッチで作成したデータをパソコンに送信するスケッチをリスト7.1に示します。まずは大まかな説明をします。

入力スイッチと出力スイッチを押すたびにそれぞれに対応したLEDの点灯と消灯を切り替えます。そして，送信のためのスイッチを押すとそのデータを送信します。このとき，出力は 2 進数を 10 進数に変換してから送信するものとします。

▶リスト 7.1◀　LED 状態の切り替えと送信（Arduino 用）：Logic_operator.ino

```
boolean in0 = false;
boolean in1 = false;
boolean in2 = false;
boolean out0 = false;
boolean out1 = false;

void setup() {
  Serial.begin(9600);
  pinMode(2, INPUT_PULLUP);      // 入力モードでプルアップ抵抗を有効に
  pinMode(3, INPUT_PULLUP);      // 同様
  pinMode(4, INPUT_PULLUP);      // 同様
  pinMode(5, INPUT_PULLUP);      // 同様
  pinMode(6, INPUT_PULLUP);      // 同様
  pinMode(7, INPUT_PULLUP);      // 同様
  pinMode(8, OUTPUT);            // 出力モードに
  pinMode(9, OUTPUT);            // 同様
  pinMode(10, OUTPUT);           // 同様
  pinMode(11, OUTPUT);           // 同様
  pinMode(12, OUTPUT);           // 同様
}

void loop() {
  if (digitalRead(2) == LOW) {  //送信スイッチ
    int out = out0+out1*2;
    Serial.println(String(in0)+","+String(in1)+","+String(in2)+",
        "+String(out));
  }
  else if (digitalRead(3) == LOW) {  //左の入力 LED の反転
    in0 = !in0;
  }
  else if (digitalRead(4) == LOW) {  //中央の入力 LED の反転
    in1 = !in1;
  }
  else if (digitalRead(5) == LOW) {  //右の入力 LED の反転
    in2 = !in2;
  }
  else if (digitalRead(6) == LOW) {  //1 ビット目の出力 LED の反転
    out0 = !out0;
  }
  else if (digitalRead(7) == LOW) {  //2 ビット目の出力 LED の反転
    out1 = !out1;
  }
  digitalWrite(8, in0);              //LED の点灯と消灯
  digitalWrite(9, in1);
  digitalWrite(10, in2);
  digitalWrite(11, out0);
  digitalWrite(12, out1);

  delay(500);
}
```

それではスケッチの詳しい解説を行います。

1～3行目のinからはじまる変数は入力LEDの点灯状態，4，5行目のoutからはじまる変数は出力LEDの点灯状態を表すもので，trueのときはLEDを点灯させ，falseのときは消灯させます。

次に，初期設定を行うsetup関数の説明を行います。最初にシリアル通信の設定をしています（8行目）。その後，スイッチにつながるデジタル2～7番ピンに何もつながっていないときに「HIGH」と認識されるように，INPUT_PULLUPを設定しています（9～14行目）。それぞれのピンの役割はこの後のloop関数の説明のときに行います。この設定によって，スイッチが押されていないときは「HIGH」として認識され，スイッチが押されてGNDピンとつながったときに「LOW」として認識されます。そして，LEDにつながるデジタル8～12番ピンを出力とするためにOUTPUTに設定しています（15～19行目）。

続いて，loop関数の説明を行います。

23行目で，送信スイッチが押されたときの処理を行っています。24行目では，2ビットの2進数で示された値を10進数に直しています。25行目では，入力の3ビットをカンマで区切って送った後に，10進数に直した出力の値を送信し，最後に改行コードを送っています*1。

*1 println関数を用いていますので自動的に改行コードが送られます。

27～41行目で入力スイッチと出力スイッチの検出を行っています。スイッチが押された場合は，スイッチに対応したLEDの状態を表す変数を反転させています。

42～46行目でそれぞれのLEDの状態に合わせてLEDの点灯状態を設定しています。

48行目で500ミリ秒待っています。このスケッチではスイッチを押したままにしておくと点灯状態がどんどん反転してしまいます。そこで，このように500ミリ秒待ってから処理を繰り返すようにすることで，スイッチを押してから離すまでの時間を稼いでいます。

(4) スクリプト（パソコン）

送られてきたデータを受信してファイルに保存するスクリプトをリスト7.2に示します。このスクリプトは6章のリスト6.7を変更し，データの取得を無限ループにしたものとなります。データは図7.4にもあるようにカンマで区切られて，最後に改行コードが送られてきます。これは深層学習のデータとしてそのまま使いやすい形式ですので，送られてきたデータをそのままファイルに保存することとします。

▶リスト7.2◀ データの保存（Python用）：logic_save.py

```
1 import serial
2 
3 with serial.Serial('COM5') as ser:
4     with open('train_data.txt', 'w') as f:
5         while True:
6             line = ser.readline()
7             line = line.rstrip().decode('utf-8')
8             print(line)
9             f.write((line)+'¥n')
```

まず，3行目でCOM5ポートを用いたシリアル通信の設定を行っています。withとasを使うことでスクリプト終了時に自動的にシリアル通信を終了させるための処理が行われます。次に，4行目では新規にデータを作成するモードでファイルを開きます。追加書き込みする場合は，open関数の2番目の引数をwからaに変更してください。

その後，5～9行目を繰り返しています。6行目で改行コードまでの文字列を受信しています。7行目で改行コードを取り除き，文字コードをutf-8に変換しています。それを9行目でファイルに保存しています。

なお，終了するときには，Ctrl＋Cを押してから，送信スイッチを押します[*2]。

＊2 Ctrl＋Cキーだけだと終了しません。これはreadline関数で停止しているためです。

Tips

学習データは異なってもOK

本節では2章で用いた，入力の中に1がいくつあるか数えるものを作りましたが，表7.2や表7.3に示すようなandやorでも構いません。ただし，andやorの場合は出力が0もしくは1の2種類ですので，次節以降で学習するスクリプトの出力の数を4から2へ変える必要があります。

表7.2 0と1からなる3入力のAND

入力	答え	入力	答え
000	0	100	0
001	0	101	0
010	0	110	0
011	0	111	1

表7.3 0と1からなる3入力のOR

入力	答え	入力	答え
000	0	100	1
001	1	101	1
010	1	110	1
011	1	111	1

7.2 【学習】集めたデータを学習

7.1 節に従って集めたデータを学習します。使用する学習スクリプトはリスト 2.1 を変更し，ファイルから学習データを読み込むようにしたリスト 2.2 の一部を組み込んだスクリプトとなります。

また，本節では，読み込む学習データのテキストがカンマ区切りですので，カンマ区切りテキストを読み込むように split 関数の引数をリスト 7.3 として変更しました。

▶リスト 7.3◀　カンマ区切りテキストファイルの読み込み（Python 用）：logic_train.py

```
d = l.strip().split(',')
```

なお，次節の分類を行う前に，リスト 7.3 に示すスクリプトを実行して，学習モデルを作ってください。学習モデルは実行後に同じフォルダ内に result フォルダが生成されそのフォルダの中に作られます。

7.3 【分類】入力データを分類

Arduino でデータを計測して，学習モデルを用いて分類することを行いましょう。なお，分類結果はパソコンのプロンプトに表示するものとします。これにはあらかじめ 7.2 節のスクリプトを実行して，学習モデルを作成しておく必要があります。

Arduino は 7.1 節に示したのと同じ電子回路とスケッチを使います。入力データを作ってから送信のためのデータを送ることができます。なお，今回はデジタル 11，12 番ピンにつながる出力スイッチは使用しません。

次に，送られてきたデータを判別して画面に表示するためのスクリプトの説明を行います。リスト 2.1 をもととして変更した部分だけ載せることとします。

変更点の 1 つ目として，データは Arduino から送られてくるものを使うためファイルからデータを読み取る部分を削除します（リスト 2.2）。

変更点の 2 つ目は判定部分の追加です。これをリスト 7.4 に示します。Arduino からデータを受け取って，そのデータを判別することを，ずっと繰り返します。

▶リスト 7.4◀ 受信したデータの分類（Python 用）：logic_test.py

```
import serial

（中略）

# ニューラルネットワークの登録
model = L.Classifier(MyChain(), lossfun=F.softmax_cross_entropy)
chainer.serializers.load_npz('result/out.model', model)

# 学習結果の評価
with serial.Serial('COM5') as ser:
    while True:
        line = ser.readline()
        line = line.rstrip().decode('utf-8')
        data = line.strip().split(",")
        data = np.array(data, dtype=np.int32)
        data = data[:3]  # 次元削減
        data = np.array(data, dtype=np.float32)
        x = chainer.Variable(data.reshape(1,3))
        result = F.softmax(model.predictor(x))
        print('input: {}, result: {}'.format(data, result.data.argmax()))
```

最後に判定のためのスクリプトの実行結果を示します。まず，リスト 7.1 が書き込まれた Arduino を起動してから，以下のようにスクリプトを実行します。入力データを作成して送信すると，以下のように 0～3 までの数字がコンソールに表示されます。この例では最初のテストでは 0 に分類され，次のテストでは 1 に分類されています。なお，無限ループから抜けて終了するには Ctrl + C を押し，その後，送信のためのスイッチを押します。

```
>python logic_test.py
input: [0. 0. 0.], result: 0
input: [0. 0. 1.], result: 1
input: [1. 1. 0.], result: 2
input: [1. 1. 1.], result: 3
     <-Ctrl+C を押してから電子回路の送信ボタンを何回か押す
>
```

第8章 深層学習でお札の分類 -ディープニューラルネットワーク-

図 8.1 に示すように，反射型の光センサでお札の数か所の色（白黒の濃度）を測り，それが何円札か判別するものを作ります。

なお，本章では図 1.1 に示した深層学習のうちのディープニューラルネットワーク（DNN）を使って実現します。

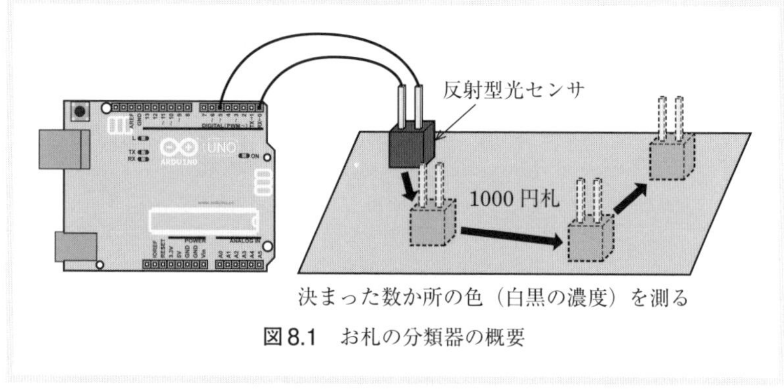

図 8.1　お札の分類器の概要

本章では以下の手順で説明を行います。

①収集（電子工作）　センサで学習のための色データを集める（8.1 節）

②学習（深層学習）　集めた色データで学習する（8.2 節）

③分類（電子工作と深層学習の連携）　センサで得た色データからお札を分類する（8.3 節）

8.1 【収集】センサで色データの収集

使用する電子部品	
フォトリフレクタ（RPR220）	1 個
抵抗（1 kΩ）	1 本
抵抗（220 Ω）	1 本
スイッチ	5 個

Arduino を使ってセンサで色データを集めるための方法を紹介します。

（1）センサによる計測

使用するセンサは反射型のフォトリフレクタというもので，図 8.2 のように四角いケースから 4 本の足が出ている形をしています。その四角いケースの中に赤外線 LED とフォトリフレクタが入っています。このセンサは赤外線 LED の光の反射光の強さをフォトリフレクタで計測します。たとえば，図 8.2 (a) に示すように，白い紙に光を当てた場合は強く反射します。逆に，(b) に示すように，黒い紙に光を当てた場合は反射光の強さは弱くなります。この性質を利用してどのくらいの色の濃さかを調べます。なお，フォトリフレクタは図 8.2 に示したように反射光を計測するため，フォトリフレクタ自体を紙にぴったりくっつけると，反射した光がフォトリフレクタに入らないため計測できません。そこで，今回扱うセンサは 1〜5 mm 程度お札から離します。また，距離が変わると同じ色でも反射光の強さが変わります。そのため，距離は毎回同じになるような工夫を 8.1 (4) 項で行います。

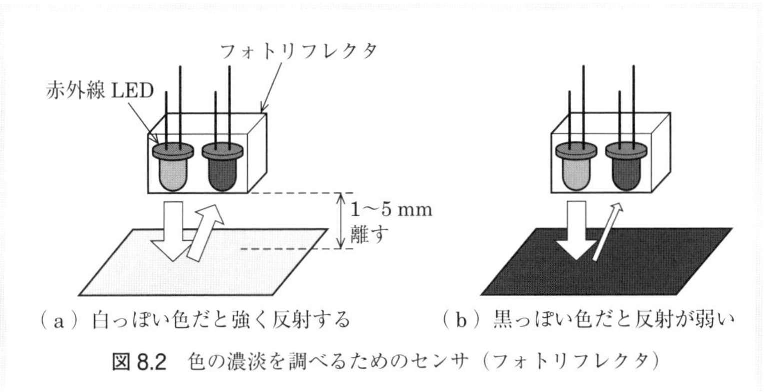

図 8.2　色の濃淡を調べるためのセンサ（フォトリフレクタ）

お札の分類をするときに，1 つのお札につき 1 か所だけ色を調べてもうまく分類できません。さらに，毎回違う数か所の位置の色を調べてもうまく分類できません。

そこで，図 8.3 のようにお札の上に 4 か所穴の開いた紙を乗せて，穴の開いている位置のお札の色を調べることにします。なお，お札の画像は日本銀行のホームページ*1 で公開されています。

＊1　https://www.boj.or.jp/note_tfjgs/note/valid/issue.htm/

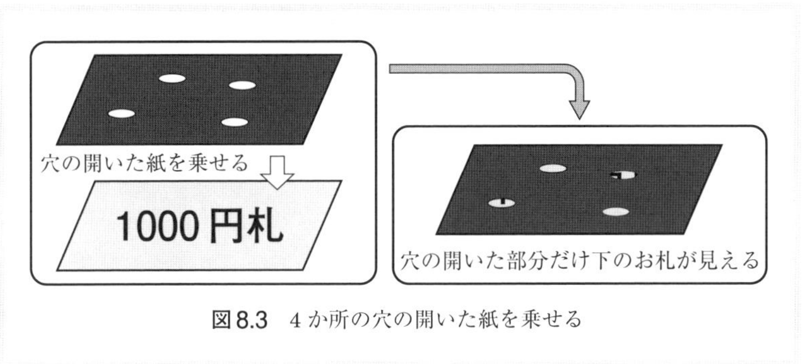

図 8.3　4 か所の穴の開いた紙を乗せる

(2) データ通信

本節で行うデータ通信を図 8.4 に示します。4 か所の色を Arduino で計測して，そのデータの後ろに種類を表すラベルを付けて，パソコンに送ります。その際に，値の区切りはカンマとし，最後に改行コードを付けます。

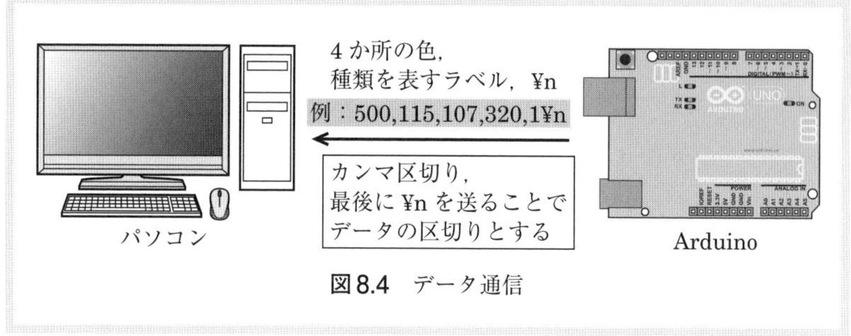

図8.4　データ通信

この通信によって作られる学習データは以下のように，はじめの4つがそれぞれの位置での計測した色の濃さに相当する入力データであり，最後の数字がお札の種類を表すラベルです。本節ではそれを1つのファイルに保存します。

```
場所1の明るさ，場所2の明るさ，場所3の明るさ，場所4の明るさ，ラベル
場所1の明るさ，場所2の明るさ，場所3の明るさ，場所4の明るさ，ラベル
場所1の明るさ，場所2の明るさ，場所3の明るさ，場所4の明るさ，ラベル
(以下同様に続く)
```

以下は実際に本節で示す回路とプログラムを用いて作成したデータの一部です。たとえば，1行目と5，6行目はラベルが0となっており，同じお札となっていますが，測定値は全く同じにはなっていません。実際のデータはこのように，ばらつきのあるデータとなります。

```
406,104,125,215,0
500,115,107,320,1
78,80,108,100,2
214,146,72,110,3
441,115,106,213,0
320,129,115,225,0
(以下続く)
```

(3) 回路

次に配線図を図8.5に示します。センサをアナログ0番ピンにつなぎます。デジタル3～6番ピンにつながったスイッチを押すと計測がはじまります。たとえば，1万円札を測る場合は3番ピンにつながるスイッチ，5千円札を測る場合は4番ピンにつながるスイッチを押すと決めておきます。お札の色を測るタイミングはデジタル2番ピンにつながったスイッチを押したときとします。そして，4か所の色を測った後，パソコンにデータを送るようにします。たとえば，1万円札のデータを計測するには「3番ピンにつながるスイッチ→2番ピンにつながるスイッチを4回」という順番で押します。

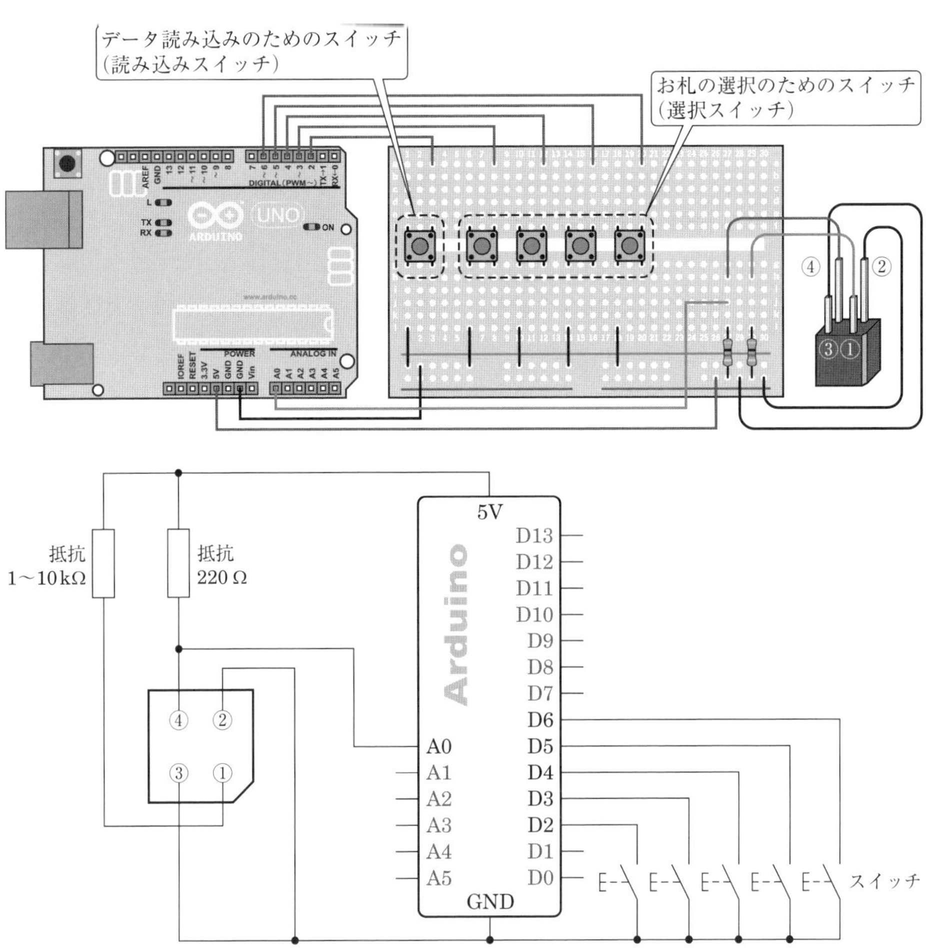

データ読み込みのためのスイッチ
(読み込みスイッチ)

お札の選択のためのスイッチ
(選択スイッチ)

抵抗
1〜10 kΩ

抵抗
220 Ω

5V
GND
スイッチ

図 8.5　お札の色データを計測するための電子回路の配線図

また，反射型光センサのピンの足の方から見たピン配置は図 8.6 となります。

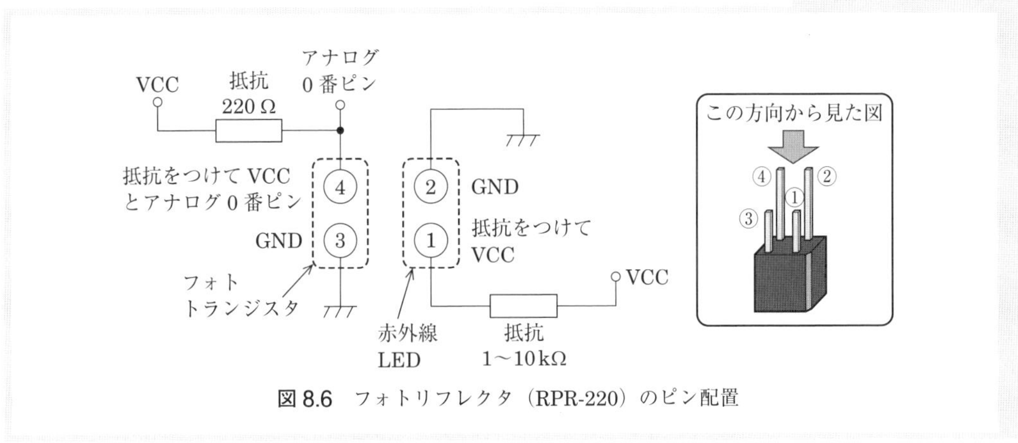

図 8.6　フォトリフレクタ（RPR-220）のピン配置

(4) 工作

センサを図 8.7 のような筒に入れることとします*2。そして，円筒の先端から少し（1～5 mm 程度）浮かして取り付けます。この「円筒の先端」をお札にぴったりとくっつけて使うこととします。こうすることで，お札とセンサまでの距離が一定となるので毎回同じような計測データが得られます*3。

フォトリフレクタからは図 8.7 のように 4 本の線をオス-メスピンを使って伸ばします。そして，オスのピンをブレッドボードに挿して使うことをお勧めします。このとき，オス-メスピンからフォトリフレクタが抜けないようにテープで止めておくとトラブルが減ります。また，オス-メスピンが短くて計測しにくい場合には，図 8.7 の右側に示す方法でオス-メスピンを延長すると計測がしやすくなります。

*2　タピオカミルクを飲むときに使うような太いストロー（直径 8 mm 程度）を使うとうまくいきました。

*3　さらに，ストローにビニールテープなどを巻いて遮光すると，太陽光や蛍光灯の光などの影響を減らせます。

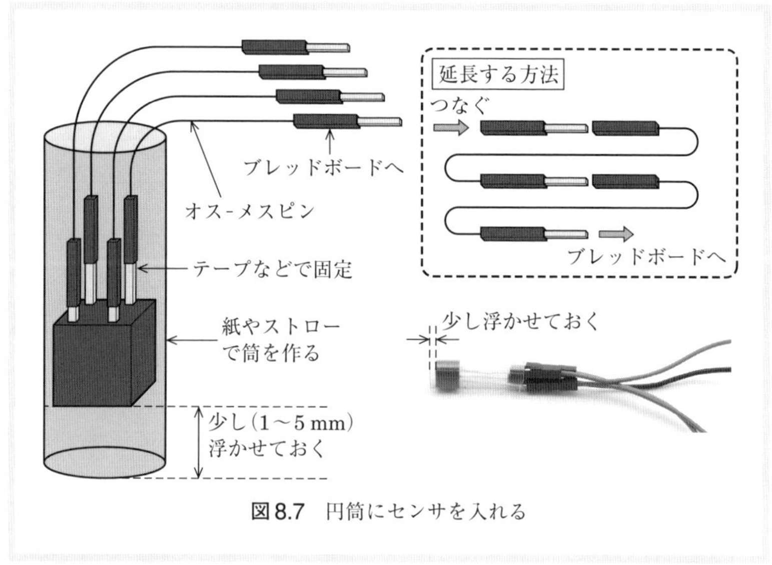

図 8.7　円筒にセンサを入れる

(5) スケッチ（Arduino）

計測した色データをパソコンに送信するスケッチを作ります。

まずは大まかな説明をします。選択スイッチ（デジタル 3～6 番ピンにつながっているスイッチ）を押してお札の種類を決め，その種類を ss 変数に保存します。その後，読み込みスイッチ（デジタル 2 番ピンにつながっているスイッチ）を押すたびに配列 dd に値を読み込みます。4 か所目の値を読み込んだ後，パソコンにデータを送信します。

それではスケッチの詳しい解説を行います。

まず，いくつかの変数の説明を行います。MaxPoint 変数で 4 か所のデータを読み込むことを設定します。この値を変えると計測する場所の数を変更できます。dd 配列は計測したデータを保存しておく配列で，

▶リスト 8.1◀　お札データの読み取り（Arduino 用）：Bill_check.ino

```
const int MaxPoint = 4;
int dd[MaxPoint];
int dn;
boolean rf;
int ss;

void setup() {
  Serial.begin(9600);
  pinMode(2, INPUT_PULLUP);  // インプットプルアップ
  pinMode(3, INPUT_PULLUP);  // 同様
  pinMode(4, INPUT_PULLUP);  // 同様
  pinMode(5, INPUT_PULLUP);  // 同様
  pinMode(6, INPUT_PULLUP);  // 同様
  dn = 0;
  rf = true;
  ss = -1;
}

void loop() {
  if (digitalRead(2) == LOW) {
    rf = false;
    delay(100);
  }
  else {
    if (rf == false) {  // ボタンが離されたら
      rf = true;  // 次のボタンが押されたら
      int v = analogRead(0);
      dd[dn] = v;  // データを配列に
      dn ++;
      if (dn == MaxPoint) {  // 5 個のデータを読み取ったら
        for (int i = 0; i < MaxPoint; i++)
          Serial.print(String(dd[i]) + ","); // データの送信
        Serial.println(ss);  // 最後にお札の種類と改行コードを送信
        dn = 0;
      }
    }
  }
  if (digitalRead(3) == LOW) {
    ss = 0;  // お札の種類
    dn = 0;  // 読み込んだデータ数を 0 に
  }
  else if (digitalRead(4) == LOW) {
    ss = 1;
    dn = 0;
  }
  else if (digitalRead(5) == LOW) {
    ss = 2;
    dn = 0;
  }
  else if (digitalRead(6) == LOW) {
    ss = 3;
    dn = 0;
  }
}
```

4か所のデータを保存しておきます。dn 変数は計測したデータの数を表す変数です。これが MaxPoint 変数に設定した値の 4 になるとデータをパソコンへ送信することとなります。rf はスイッチを離したタイミングを検出するための変数です。この処理を行わないと押している間ずっと計測し続けてしまいます。そして，ss はお札の種類を保存するための変数となっています。

次に，初期設定を行う setup 関数の説明を行います。最初に，シリアル通信の設定をしています（8行目）。その後，スイッチにつながるデジタル2～6番ピンをすべて INPUT_PULLUP にしています（9～13行目）。この設定によってスイッチが押されていないときは「HIGH」として認識され，スイッチが押されて GND ピンとつながったときに「LOW」として認識されるようになります。

続いて loop 関数の説明を行います。この関数の中でお札の色の濃さの計測とデータの送信を行っています。

まずは，38行目以降の digitalRead 関数の引数が 3～6 までの if 文の説明から行います。ここでは，どのお札のデータを読み込むかを設定しています。たとえば，digitalRead(4) が書かれた if 文の中では，お札の種類を表す変数 ss を 1 としています。そして，計測したデータの数を表す変数 dn を 0 に戻しています。

次に，20行目の if 文の説明を行います。この if 文では，デジタル2番ピンにつながっているスイッチが押されて離されたときにのみ計測が行われるようにしています。データの読み込みは else 文の中で行われ，読み込んだデータの数が4つになると，データをカンマ区切りで送信し，その後，お札の種類を送り，最後に改行コードを送っています。

(6) スクリプト（パソコン）

送られてきたデータを受信してファイルに保存するスクリプトはリスト7.2と同じです。異なる点は，終了するときには，Ctrl＋C を押してから，読み込みスイッチを「最大4回」押さなければならない点です。

▶リスト8.2◀　お札データの保存（Python用）：bill_save.py

```
import serial

with serial.Serial('COM5') as ser:
    with open('train_data.txt', 'w') as f:
        while True:
            line = ser.readline()
            line = line.rstrip().decode('utf-8')
            print(line)
            f.write((line)+'¥n')
```

8.2 【学習】集めたデータを学習

集めたデータを学習しましょう。学習スクリプトはリスト 2.1 に示したスクリプトをもとにして，入力層のノード数を 4，中間層の層の数を 2 層でノード数を 10，出力層のノード数を 4 に変更したリスト 8.3 を用います。ここでは変更点だけ載せることとします。なお，中間層の数やノードの数は問題に合わせて人間が経験的に決めます。

まず，ネットワークの変更点は以下となっています。

▶リスト 8.3◀　ネットワークの設定（Python 用）：bill_train.py

```
class MyChain(chainer.Chain):
    def __init__(self):
        super(MyChain, self).__init__()
        with self.init_scope():
            self.l1 = L.Linear(4, 10)# 入力 4，中間層 10
            self.l2 = L.Linear(10, 10)# 中間層 10，中間層 10
            self.l3 = L.Linear(10, 4)# 中間層 10，出力 4
    def __call__(self, x):
        h1 = F.relu(self.l1(x))
        h2 = F.relu(self.l2(h1))
        y = self.l3(h2)
        return y
```

次に，ファイルからデータを読み取って学習データを作成する部分をリスト 8.4 に示します。これはリスト 2.2 をもとにしています。集めたデータは最初の 4 つが色データ，最後の 1 つがラベルとなっています。そのため，trainx に最初の 4 つの数字が入るように変更しています。

▶リスト 8.4◀　データの読み込み（Python 用）：bill_train.py

```
# データの作成
with open('train_data.txt', 'r') as f:
    lines = f.readlines()

data = []
for l in lines:
    d = l.strip().split(',')
    data.append(list(map(int, d)))
data = np.array(data, dtype=np.int32)
trainx, trainy = np.hsplit(data, [4])
trainy = trainy[:, 0]   # 次元削減
```

実行すると以下のように表示されます。実行が終わると result フォルダの下に out.model が生成されます。なお，学習終了時の 1000 エポックの列の 3 つ目の数値（以下の例では 0.9375）が 0.9 以上あると，次

節で行うお札の分類がうまくいきます。もし，0.9 よりも小さい場合は学習データの数が少ないので 8.1 節で行ったデータ収集を何度か行ってデータ数を増やしてください。なお，データを追加する場合はリスト 8.2 の 4 行目の open の 2 番目の引数を w から a に変えてください。

```
> python bill_train.py
epoch       main/loss    validation/main/loss   main/
    accuracy   validation/main/accuracy   elapsed_time
1     118.27     110.914    0.291667    0.291667    0.397746
2     105.81     100.192    0.291667    0.291667    0.416517
（中略）
999   0.117169   0.102733   0.958333    0.958333    56.6894
1000  0.111826   0.104228   0.9375      0.9375      56.7597
```

8.3 【分類】センサ計測したデータの分類

学習モデルを用いて，Arduino で計測したデータを分類することを行いましょう。実行すると，何円札かを判別して 0～3 までの数字がプロンプトに表示されます。なお，0～3 までの数字はスイッチの番号に対応し，0 と表示された場合は，収集の際に 3 番につながるスイッチを押してからセンサで調べたお札の種類となります。

Arduino のスケッチと回路は 8.1 節に示したのと同じものを使います。簡単に試せるように，本節の分類ではデジタル 3～6 番ピンにつながるスイッチはデータ取得開始を表すために使うこととします。そのため，どのスイッチも同じ役割となります。8.1 節に示した電子回路とスケッチを使うため，データの最後に押したスイッチの番号に相当する数字が送られますが，この後に示す分類のための Python スクリプトではその値は受信するけれども使わないようにします。

それでは，送られてきたデータを判別して画面に表示するためのスクリプトの説明を行います。リスト 8.3 をもととして変更した部分だけ載せることとします。

変更点の 1 つ目として，データは Arduino から送られたデータを使うためファイルからデータを読み込むリスト 8.4 を削除します。

変更点の 2 つ目は判定部分の追加です。これをリスト 8.5 に示します。Arduino からのデータを受け取って，そのデータを判別することを，繰り返します。

▶リスト 8.5◀　受信したデータの分類（Python 用）：bill_toct.py

```
import serial

（中略）

# 学習結果の評価
with serial.Serial('COM5') as ser:
    while True:
        line = ser.readline()
        line = line.rstrip().decode('utf-8')
        data = line.strip().split(",")
        data = np.array(data, dtype=np.int32)
        data = data[:4]  # 次元削減
        data = np.array(data, dtype=np.float32)
        x = chainer.Variable(data.reshape(1,4))
        result = F.softmax(model.predictor(x))
        print("input: {}, result: {}".format(data, result.data.argmax
            ()))
```

最後に判定のためのスクリプトの実行結果を示します。まず，Arduino をパソコンにつないでから，以下のようにスクリプトを実行します。4 か所の色の濃さのデータを計測して送信すると，以下のように 0～3 までの数字がコンソールに表示されます。この例では，最初のテストでは 0 に分類され，次のテストでは 1 に分類されています。なお，無限ループから抜けて終了するには Ctrl + C を押し，その後，読み込みスイッチを最大 4 回押します。

```
>python test_paper.py
input: [357. 130.  97. 287.], result: 0
input: [398. 190. 147. 222.], result: 1
input: [161. 170. 140. 151.], result: 2
input: [268. 235. 138. 239.], result: 3
     <-Ctrl+C を押してからスイッチを数回押すと終了
>
```

第9章 深層学習で画像認識 –畳み込みニューラルネットワーク–

いろいろな手の形をカメラで撮って，その場で形を分類するものを作ります。そして発展課題として，登録した手の形をカメラの前にかざすことで箱のカギを開けたり閉めたりするものを作ります。

なお，本章では図 1.1 に示した深層学習のうちの畳み込みニューラルネットワーク（CNN）を使って実現します。

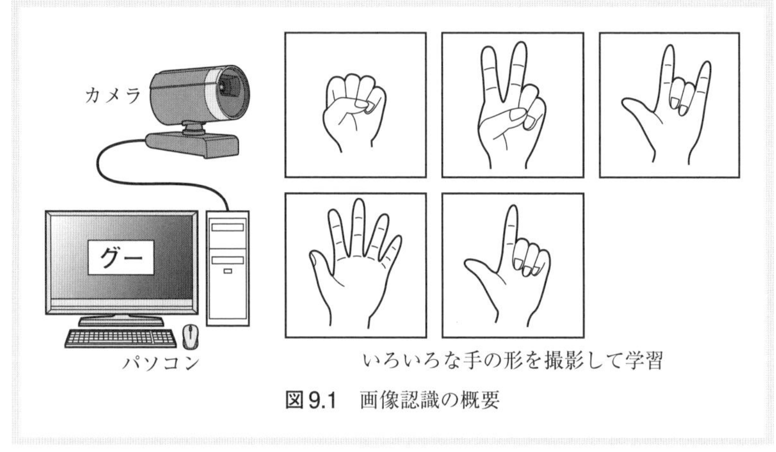

図 9.1　画像認識の概要

本章では以下の手順で説明を行います。

①**準備（カメラの設定）**　カメラを使うための設定をする（9.1 節）

②**収集（深層学習）**　カメラで学習のための画像を集める（9.2 節）

③**学習（深層学習）**　集めた画像を学習する（9.3 節）

④**分類（深層学習）**　カメラで得た画像を分類する（9.4 節）

⑤**発展（電子工作と深層学習の連携）**　分類画像によってカギを開ける（9.5 節）

9.1 【準備】カメラの設定

使用する電子部品
サーボモータ（SG-90） 1個 スイッチ 1個 AC アダプタ（5 V） 1個 ブレッドボード用 DC ジャック DIP 化キット 1個

本章では USB カメラを使うために，以下のコマンドで OpenCV ライブラリをインストールする必要があります。インストールが成功すると「Successfully」からはじまる行が表示されて終わります。

```
> pip install opencv-python
Collecting opencv-python
（中略）
Successfully installed opencv-python-4.0.0.21
```

リスト9.1に示すスクリプトを実行すると，図9.2のようにカメラ画像が画面上に表示できることを確認してください。なお，「gray」と書かれたウインドウをアクティブにした状態で「s」を入力すると画像が保存され，「Esc」キーを押すと終了します。

▶リスト9.1◀　USBカメラのテスト（Python用）：camera_test.py

```
# -*- coding: utf-8 -*-
import cv2

cap = cv2.VideoCapture(0)
while True:
    ret, frame = cap.read()
    gray = cv2.cvtColor(frame, cv2.COLOR_BGR2GRAY)
    cv2.imshow('gray', gray)
    c = cv2.waitKey(10)
    if c == 115:#s
        cv2.imwrite('camera.png', gray)
    if c == 27:#Esc
        break
cap.release()
```

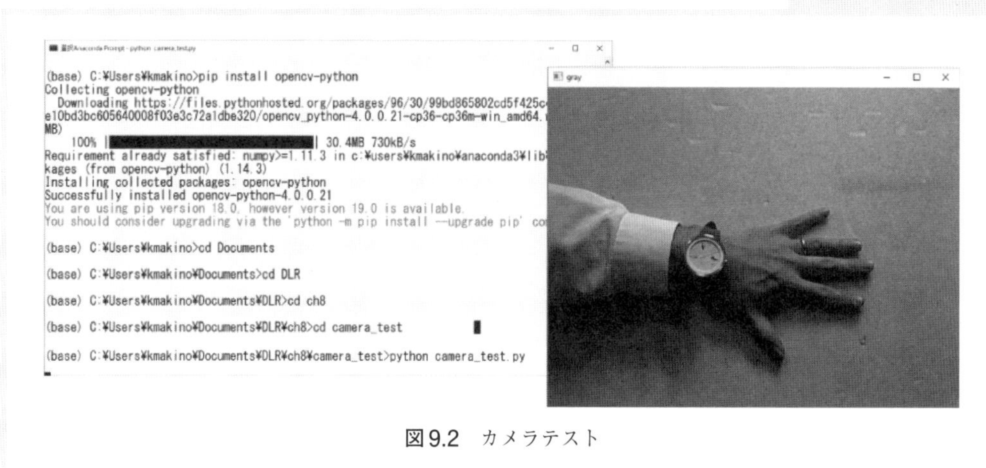

図9.2　カメラテスト

9.2 【収集】カメラでの画像収集

USBカメラに映った画像をキーボードのキーを押すことで保存して，画像データを集めます。例として本章では図9.1に示すように5つの手の形を判別するものを作ります。まず，右のサイドノートに示すようなフォルダ構造を作ります。これはimgフォルダの下に0，1，2，3，4，5という名前のフォルダがあることを示しています*1。ここでは6個のフォルダを作っています。そのうちの1つは何も映っていない画像を保存し，それを学習しておくことをお勧めします。これにより，分類のテ

*1

```
camera.py
|-img
  |-0
  |-1
  |-2
  |-3
  |-4
  |-5
```

ストを行うときに何も映っていないときには何も映っていないと分類され，手が入ったときに分類がなされるようになります。

スクリプトを実行すると図 9.3 のような黒枠の付いたウインドウが表示されます。黒枠の中が保存される画像となります。

「0」キーを押すと 0 フォルダに，「1」キーを押すと 1 フォルダという具合にそれぞれのフォルダに 0.png，1.png，2.png，…という名前で通し番号を付けて保存します。なお，「Esc」キーを押すとスクリプトが終了するようにしました。学習データは図 9.4 にあるように，少しだけ違った方向からたくさん（10 枚以上）撮るとうまく学習できるようになります。また，この図にあるように，0 という名前のフォルダには「何も映っていない」画像を入れておきました。これにより，何も映っていないときには何も映っていないと分類できるようになります*2。

*2　もし何も映っていない画像を学習していないと，何も映っていなくても学習した手の画像のうちのどれかが分類結果として出力されてしまいます（たとえば，何も映っていないのにチョキと分類されるなど）。

図 9.3　学習データの収集

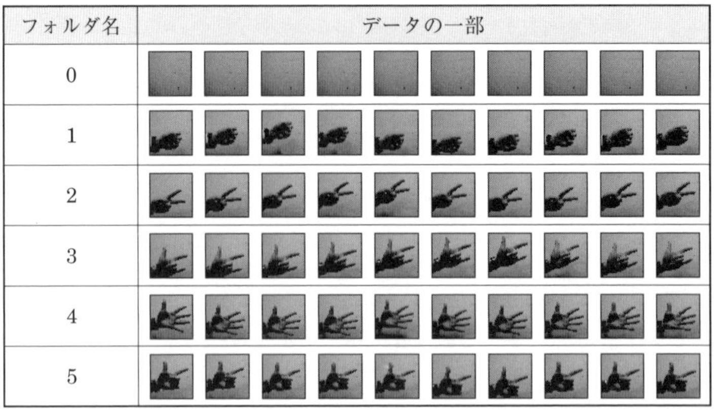

フォルダ名	データの一部
0	
1	
2	
3	
4	
5	

図 9.4　収集したデータの一部

これを実現するためのスクリプトをリスト 9.2 に示します。

▶リスト 9.2◀　USB カメラで画像を集める（Python 用）：camera.py

```
# -*- coding: utf-8 -*-
import cv2

n0 = 0
n1 = 0
n2 = 0
n3 = 0
n4 = 0
n5 = 0
cap = cv2.VideoCapture(0)
while True:
    ret, frame = cap.read()
    gray = cv2.cvtColor(frame, cv2.COLOR_BGR2GRAY)
    xp = int(frame.shape[1]/2)
    yp = int(frame.shape[0]/2)
    d = 200
    cv2.rectangle(gray, (xp-d, yp-d), (xp+d, yp+d), color=0, thickness=10)
    cv2.imshow('gray', gray)
    gray = cv2.resize(gray[yp-d:yp + d, xp-d:xp + d],(40, 40))
    c =cv2.waitKey(10)
    if c == 48:#0
        cv2.imwrite('img/0/{0}.png'.format(n0), gray)
        n0 = n0 + 1
    elif c == 49:#1
        cv2.imwrite('img/1/{0}.png'.format(n1), gray)
        n1 = n1 + 1
    elif c == 50:#2
        cv2.imwrite('img/2/{0}.png'.format(n2), gray)
        n2 = n2 + 1
    elif c == 51:#3
        cv2.imwrite('img/3/{0}.png'.format(n3), gray)
        n3 = n3 + 1
    elif c == 52:#4
        cv2.imwrite('img/4/{0}.png'.format(n4), gray)
        n4 = n4 + 1
    elif c == 53:#5
        cv2.imwrite('img/5/{0}.png'.format(n5), gray)
        n5 = n5 + 1
    elif c == 27:#Esc
        break
cap.release()
```

このスクリプトの説明を行います。まず，cv2 ライブラリをインポートすることで OpenCV ライブラリを宣言しています。

そして，n0 は「0」キーを押した回数を保存する変数で，画像に通し番号を付けるために用います。n1 から n5 も同様にキーを押した回数を保存する変数です。

cv2.VideoCapture 関数でカメラの開始を宣言しています。

while ループは「Esc」キーが押されるまで繰り返しています。cap.read 関数でカメラ画像を取得し，cv2.cvtColor 関数でグレースケールに変換しています。なお，xp と yp は frame.shape 変数から得た画像の中心座標です。その後，cv2.rectangle 関数で図 9.3 に示すような画像中にある四角で表示している部分を切り出しています。切り出す大きさは 400 × 400 ピクセルです。この大きさは 16 行目の変数 d で設定しています*3。そして，cv2.imshow 関数で画像を表示します。その後，cv2.resize 関数を用いて 400 × 400 の画像を 40 × 40 の画像へ変更しています。画像サイズを小さくする理由は大きな画像で学習を行うと，読者の皆様が通常使用するであろうコンピュータだと，処理にかなりの時間がかかる（1 日以上かかる）ためです。

*3　d は 200 ですが画像の中心から上下左右に 200 ピクセルの大きさを切り出しています。

cv2.waitKey 関数で押されたキーを検出しています。その後，押されたキーに従って画像を保存しています。なお，0 の文字コードは 48 なので，はじめの if 文では 48 と比較しています。「0」キーが押されていれば，cv2.imwrite 関数で画像を保存しています。また，キーの数字が 1 増えると文字コードも 1 増えます。そのため，「1」キーは 49,「2」キーは 50 といった具合です。そして，「Esc」キーが押される*4 とループを抜けます。

*4 「Esc」キーの文字コードは 27 です。

このスクリプトは「0」～「5」のキーを押したときに画像を取得していますが，キーに対応する if 文を増やすことで画像の種類を増やすことができます。その場合はそれに対応したフォルダを作成しておく必要があります。

9.3　【学習】集めた画像を学習

集めた画像を使って学習します。そのスクリプトをリスト 9.3 に示します。学習の仕方はこれまでのスクリプトに似ています。

「camera_CNN.py」を実行すると次ページの表示が得られます。これまでは学習時にテストデータを用いて検証していましたが，本章ではテストデータを用いずに学習しています。この例では，学習開始時の正答率は 15.75%（0.1575）でした。そして，20 回エピソード数（学習回数）が 39.8015 秒で終了し，学習データの正答率は 100%（1）となっています。

また，はじめの「class: 0, class id: 0」は，画像を保存した img フォルダの下にある「0 フォルダ」にある画像には 0 というラベル（教師データ）を割り当てることを示しています。同様に「class: 1, class id: 1」は「1フォルダ」にある画像には1というラベルを付けていることを表しています。このフォルダの名前と番号の対応関係は9.5節の「カメラで得た画像を分類する」で使います。

```
>python camera_CNN.py
class: 0, class id: 0
class: 1, class id: 1
class: 2, class id: 2
class: 3, class id: 3
class: 4, class id: 4
class: 5, class id: 5
epoch       main/loss    main/accuracy  elapsed_time
1           298.831      0.1575         2.85334
2           451.26       0.15           4.90939
3           283.752      0.206667       6.93345
（中略）
19          0.000145721  1               37.9637
20          5.58599e-05  1               39.8015
```

▶リスト9.3◀ 画像の学習（Python用）：camera_CNN.py

```
# -*- coding: utf-8 -*-
import numpy as np
import chainer
import chainer.functions as F
import chainer.links as L
import chainer.initializers as I
from chainer import training
from chainer.training import extensions
import os

class MyChain(chainer.Chain):
    def __init__(self):
        super(MyChain, self).__init__()
        with self.init_scope():
            self.conv1=L.Convolution2D(1, 16, 3, 1, 1)  # 1層目の畳み込み層（フィルタ数は16）
            self.conv2=L.Convolution2D(16, 64, 3, 1, 1) # 2層目の畳み込み層（フィルタ数は64）
            self.l3=L.Linear(6400, 6) #クラス分類用
    def __call__(self, x):
        h1 = F.max_pooling_2d(F.relu(self.conv1(x)), 2, 2) # 最大値プーリングは2×2，活性化関数はReLU
        h2 = F.max_pooling_2d(F.relu(self.conv2(h1)), 2, 2)
        y = self.l3(h2)
        return y

epoch = 20
batchsize = 100

train = []
label = 0
img_dir = 'img'
for c in os.listdir(img_dir):
```

```
31      print('class: {}, class id: {}'.format(c, label))
32      d = os.path.join(img_dir, c)
33      imgs = os.listdir(d)
34      for i in [f for f in imgs if ('png' in f)]:
35          train.append([os.path.join(d, i), label])
36      label += 1
37  train = chainer.datasets.LabeledImageDataset(train, '.')
38
39  # ニューラルネットワークの登録
40  model = L.Classifier(MyChain(), lossfun=F.softmax_cross_entropy)
41  optimizer = chainer.optimizers.Adam()
42  optimizer.setup(model)
43
44  # イテレータの定義
45  train_iter = chainer.iterators.SerialIterator(train, batchsize) # 学習用
46
47  # アップデータの登録
48  updater = training.StandardUpdater(train_iter, optimizer)
49
50  # トレーナーの登録
51  trainer = training.Trainer(updater, (epoch, 'epoch'))
52
53  # 学習状況の表示や保存
54  trainer.extend(extensions.LogReport())# ログ
55  trainer.extend(extensions.PrintReport(['epoch', 'main/loss','main/
        accuracy', 'elapsed_time'] )) # 計算状態の表示
56
57  # 学習開始
58  trainer.run()
59
60  # 途中状態の保存
61  chainer.serializers.save_npz('result/CNN.model', model)
```

リスト9.3に関して，DNNを使っていたリスト2.1と異なる点を示します。

まず，11～22行目のニューラルネットワークの構造が異なります。ここでは画像処理に強いニューラルネットワークとして，畳み込みニューラルネットワークを用いています。畳み込みニューラルネットワークの原理は本章の9.6節にまとめておきましたので参考にしてください。ここでは簡単に計算方法だけ説明します。

畳み込みニューラルネットワークでは，図9.5に示すような**畳み込み**と**プーリング**と呼ばれる2つの処理を繰り返し行って，小さなサイズの画像をたくさん生成します。なお，この図はリスト9.3で行っている処理を表しています。

畳み込み処理[*5]では，畳み込みフィルタサイズ（*FW*），パディングサイズ（*P*），ストライドサイズ（*S*）の3つを設定し，フィルタの数を設定します。もう1つの**プーリング処理**では，プーリングフィルタ（*PW*）を設定します。これによって，入力画像の一辺のサイズ（*W*）は以下の

＊5　9.6節で詳しく説明します。

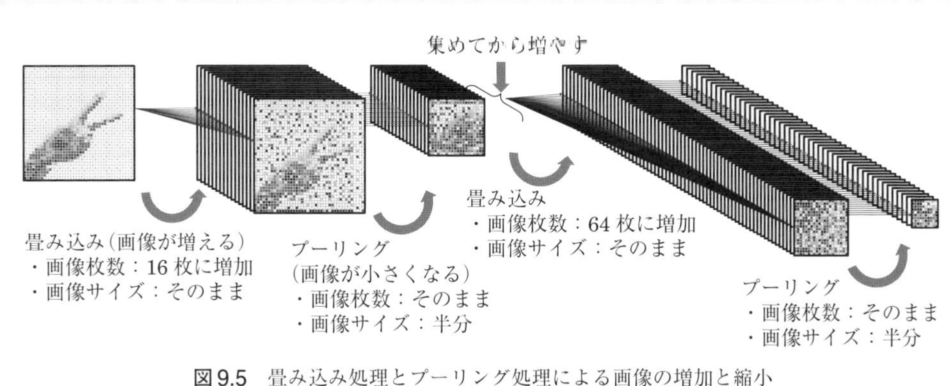

図 9.5　畳み込み処理とプーリング処理による画像の増加と縮小

ように変化します。

$$OW = \left(\frac{W + 2P - FW}{S} + 1\right) \times \frac{1}{PW} \tag{9.1}$$

- 出力画像一辺のサイズ：OW
- 入力画像一辺のサイズ*6：W
- 畳み込みフィルタの一辺のサイズ：FW
- パディングのサイズ：P
- ストライドのサイズ：S
- プーリングフィルタのサイズ：PW

*6　本書では入力画像として縦と横のサイズが同じ正方形の画像を想定していますが，縦と横のサイズが異なっていても縦と横それぞれ別に計算することで求めることができます。

リスト 9.3 では，Convolution2D 関数で畳み込みと max_pooling_2d 関数でプーリングを行っています。畳み込み処理を行うための畳み込みフィルタはフィルタサイズ（FW）として 3，パディングサイズ（P）として 1，ストライドサイズ（S）として 1 を設定しています。そして 1 回目の畳み込み処理のフィルタの数を 16，2 回目の畳み込み処理のフィルタの数を 64 としています。さらにプーリング処理を行うためのプーリングフィルタはフィルタサイズ（PW）として 2，ストライドサイズとして 2 を設定しています。なお，プーリングフィルタのフィルタサイズとストライドサイズはたいていの場合同じにします。これを用いたとき入力画像のサイズがいくつに変わるのかを計算してみましょう。入力画像の大きさが 40 × 40 ピクセルであるため，一辺の長さは以下のように計算することとなります*7。

*7　計算結果が整数にならない場合でも Chainer はうまく整数として変更して処理をします。

$$\left(\frac{40 + 2 \times 1 - 3}{1} + 1\right) \times \frac{1}{2} = 20 \tag{9.2}$$

$$\left(\frac{20 + 2 \times 1 - 3}{1} + 1\right) \times \frac{1}{2} = 10 \tag{9.3}$$

まず，1 回目の畳み込み処理を行うと，一辺の長さは 20 ピクセルに変わります。そして，2 回目の畳み込み処理を行うと，一辺の長さは 10

ピクセルに変わります。

最後のフィルタ数が 64 であることから合計の画素数（図 9.5 の右にある 64 枚の画像の画素数の合計）は以下として計算できます。

$$10 \times 10 \times 64 = 6400 \tag{9.4}$$

そのため，17 行目では 6400 を設定しています。

Tips 最終段のネットワークの入力数の設定を間違えた場合

リスト 9.3 の 17 行目の 1 つ目の引数を計算で求めたときに間違えてしまうこともあるかと思います。この設定を間違えた場合には次のようなエラーが表示されます。これは 6400 と設定すべきところを 4096 と設定した場合に表示されるエラーです。

```
Expect: in_types[0].shape[1] == in_types[1].shape[1]
Actual: 6400 != 4096
```

このエラーに従って値を変更すれば実行できます。

```
self.l3=L.Linear(6400, 5) #クラス分類用
```

または，以下のように 1 つ目の引数を以下のように None とすることで自動的に設定させるようにすることもできます。

```
self.l3=L.Linear(None, 5) #クラス分類用
```

フィルタ処理によってどのくらいのサイズまで小さくなっているかを知ることは重要ですので，慣れるまでは大変でも計算をして求める練習をすることをお勧めします。

次に，学習データの生成法が違います。本章ではフォルダにある画像を使います。これは 27～37 行目に書かれていて，img フォルダの下にあるフォルダを自動的に読み取ることができます。フォルダ 0～5 は学習時に出てくる先ほど示した実行ログの先頭（class: 0, class id: 0 などと書かれている部分です）にあるように自動的に 0～5 という名前が割り当てられます。

そして，このスクリプトではテストデータを用いません。

9.4 【分類】カメラで得た画像の分類

9.3 節のリスト 9.3 を実行すると学習モデルが生成されます。学習モデルは result フォルダの下に CNN.model として保存されます。そのモデルを使ってカメラ画像から得られた画像を分類する方法を示します。

実行すると図 9.6 が得られます。なお，このスクリプトも Esc キーを

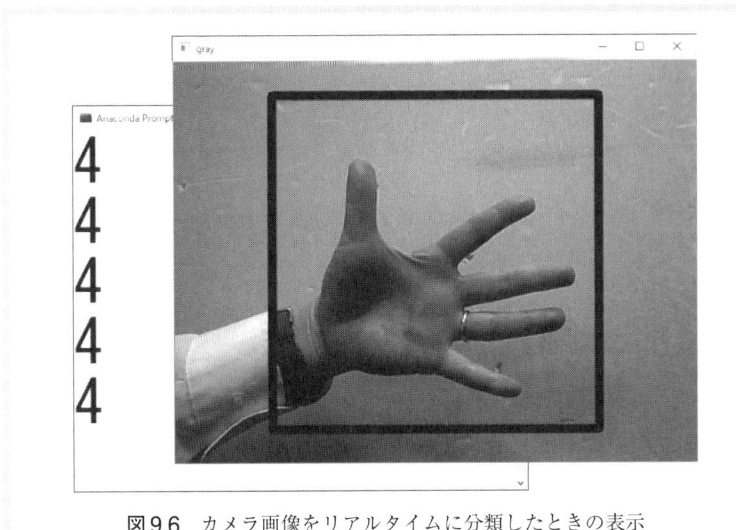

図9.6 カメラ画像をリアルタイムに分類したときの表示

押すとスクリプトが終了します。

スクリプトの解説を行います。このスクリプトはリスト9.3の22行目までは同じです。リスト9.4では異なる部分のみ載せています。

▶リスト9.4◀ 画像の分類（Python用）：camera_CNN_test.py

```
（前略：リスト9.3の22行目までと同じ）

# ニューラルネットワークの登録
model = L.Classifier(MyChain(), lossfun=F.softmax_cross_entropy)
chainer.serializers.load_npz('result/CNN.model', model)

cap = cv2.VideoCapture(0)
while True:
    ret, frame = cap.read()
    gray = cv2.cvtColor(frame, cv2.COLOR_BGR2GRAY)
    xp = int(frame.shape[1]/2)
    yp = int(frame.shape[0]/2)
    d = 200
    cv2.rectangle(gray, (xp-d, yp-d), (xp+d, yp+d), color=0, thickness
        =10)
    cv2.imshow('gray', gray)
    if cv2.waitKey(10) == 27:
        break
    gray = cv2.resize(gray[yp-d:yp + d, xp-d:xp + d],(40, 40))
    img = np.asarray(gray,dtype=np.float32) # 型変換
    img = img[np.newaxis, np.newaxis, :, :] # 4次元テンソルに変換（1×1×8×8，
        バッチ数×チャンネル数×縦×横）
    x = chainer.Variable(img) # 画像の分類
    y = model.predictor(x)
    c = F.softmax(y).data.argmax()
    print(c)
cap.release()
```

ニューラルネットワークの構造は学習時に用いたリスト 9.3 と同じにしなければなりません。

その後，5 行目で学習済みモデルを読み込んでいます。

7 行目でカメラの設定を行っています。これは 9.2 節の画像取得と同じです。

8～24 行目の繰り返しの中で，画像取得とその分類を行っています。9～18 行目の画像取得の部分は 9.2 節の画像取得と同じです。違いは，このスクリプトでは画像を保存せずに，19～23 行目で画像分類を行っている点です。

9.5 【発展】分類画像によるカギの解錠

電子工作と連携させます。図 9.7 に示すように，パソコンに USB カメラと Arduino が付いています。Arduino にはスイッチとサーボモータが付いています。手をカメラにかざしながらスイッチを押すとサーボモータが回転して金庫のカギの施錠と解錠ができるものを作ります。

ただし，この工作をするのは時間がかかります。そのため，Arduino とパソコンの連携だけを簡単に試せるように，カギが開いている状態に相当するときには，Arduino に付いている確認用 LED が光り，カギが閉まっている状態では確認用 LED が消えるようなスケッチにしてあります。これにより，スイッチを付けるだけで連携を試すことができます。なおサーボモータをつなげば，サーボモータが回転します。

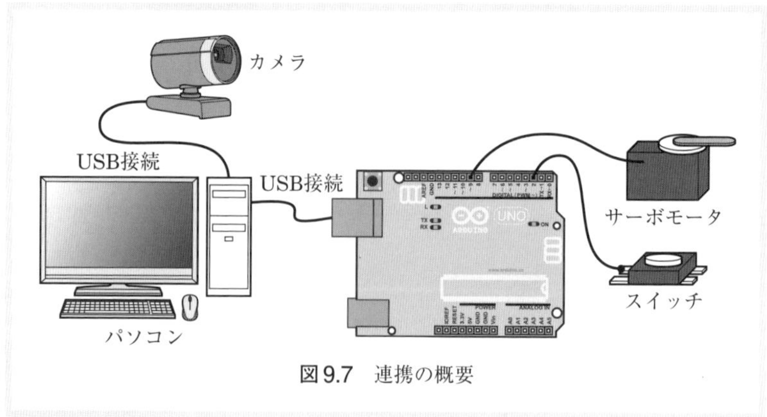

図 9.7　連携の概要

(1) 動作概要

図 9.8 に示すように，箱のドアにサーボモータが付いています。このサーボモータの向きを変えることでカギを施錠したり解錠したりします。図 9.8 (a) はサーボモータの先が下を向いているため，開けることがで

きます。そして，図 9.8 (b) はサーボモータの先が横を向いていて箱に付いた溝に引っかかって開かなくなります。図 9.8 (a) を解錠モード，(b) を施錠モードと呼ぶこととします。

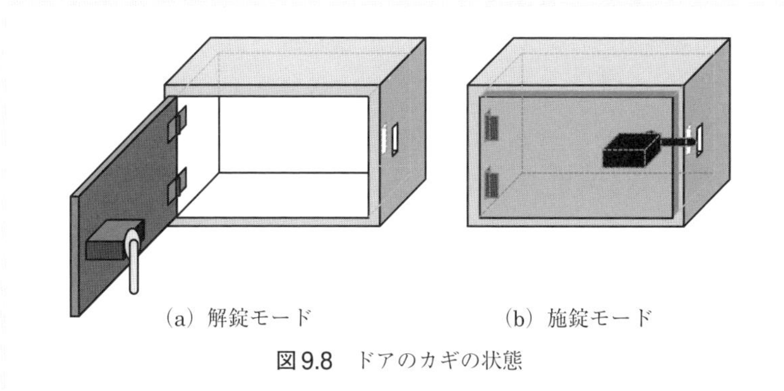
(a) 解錠モード　(b) 施錠モード

図 9.8　ドアのカギの状態

解錠モードと施錠モードの遷移を図 9.9 に示します。なお，矢印で表す状態の遷移はカメラの前に手をかざしてスイッチを押したときに行われます。

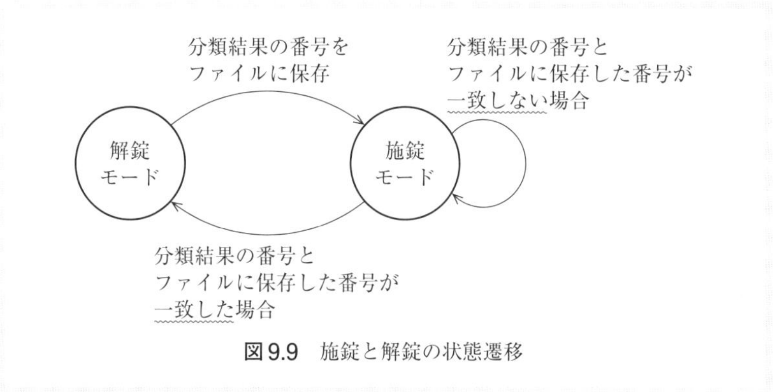

図 9.9　施錠と解錠の状態遷移

解錠モードのときにカメラの前に手をかざして Arduino に付いたボタンを押すと施錠モードとなり，押したときにカメラに写っている手の形がカギとして記録されると同時に，サーボモータが回りカギがかかります。逆に，施錠モードのとき，カメラの前に手をかざしてボタンを押すと，その手の形がカギとして登録された形であれば解錠できます。

この仕組みを作るには，9.3 節の手順に従っていくつかの手の形を学習させておく必要があります。また，カギとなる手の形も含めて学習させておく必要があります。ここでは 9.3 節で作成した学習モデルを用いることとします。

(2) データ通信とモード切替

この連携を行うために，どのようなデータ通信を行い，どのようにモードを切り替えるのかを説明します。

まずはデータ通信について図 9.10 を用いて説明します。

スイッチが押されたときに Arduino からパソコンへは「1」が送られます。パソコンはその信号を受けて，現在解錠モードならば施錠するために「c」を送ります。Arduino は「c」（close の頭文字）を受け取るとサーボモータを回してカギを閉める指令を与えます。

施錠モードならば，撮影した画像がカギとして登録した手の形と一致すれば解錠するために「o」を送ります。Arduino は「o」（open の頭文字）を受け取るとサーボモータを回してカギを開ける指令を与えます。なお，カギとして登録した手の形と一致しなければ，何も送信しません。

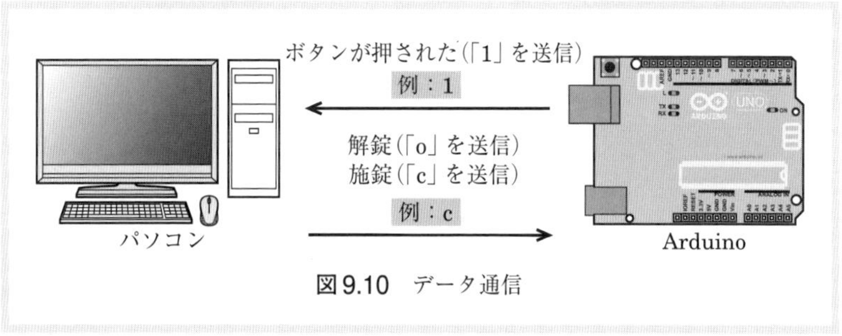

図 9.10　データ通信

次に，モードの切り替えの具体的な方法を図 9.11 に示すフローチャートを用いて説明します。Arduino から「1」が送られてくると，カメラ

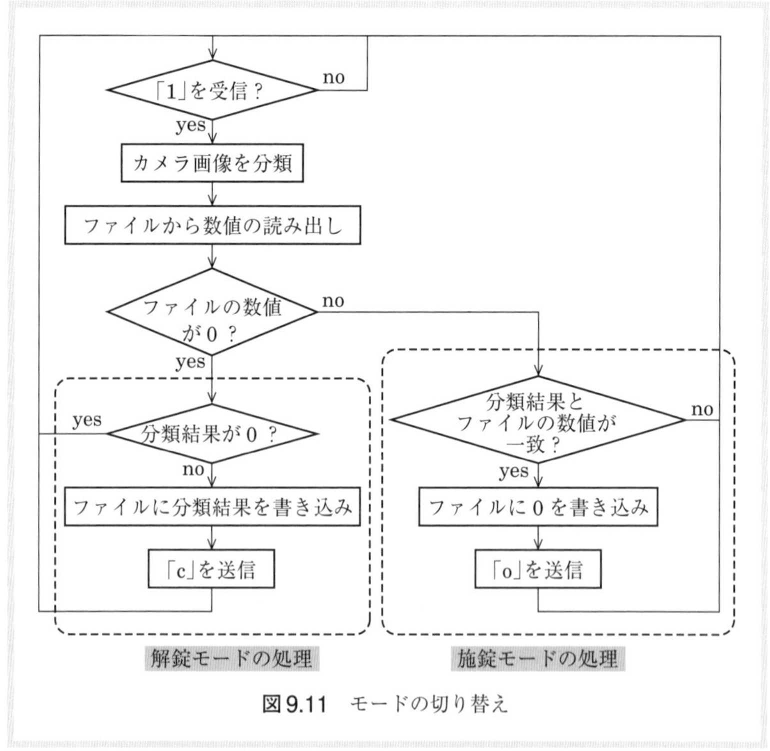

図 9.11　モードの切り替え

から画像を取得しその画像を分類します。その後，カギとなるファイル（key.txt）を読み込みます。

そのファイルには0～5までのいずれかの数字が書かれています。

読み込んだ数字が0の場合，現在は解錠モードであることを意味します。解錠モードの場合，カメラから画像を取得して分類した結果が0ではなかった場合（つまり何か映っていた場合）は，そのID（1から5のいずれか）をカギとなるファイルに記録して，ファイルを閉じます。そして，「c」を送信して施錠モードとなります。

一方，カギとなるファイルを読み込んだ結果，0以外の数字が書かれている場合，施錠モードであることを意味します。施錠モードの場合，カメラから画像を取得して分類した結果とファイルから読み込んだ数字が一致していれば，カギとなるファイルに0を記録して，ファイルを閉じます。そして，「o」を送信して解錠モードとなります。また，一致していなかった場合は，何もしません。これにより，施錠モードのままとなります。

(3) 回路

電子回路の配線図を図9.12に示します。サーボモータの信号線をデジタル9番ピンに，スイッチをデジタル2番ピンにつなげます。

なお，連携だけ試してカギを作らない場合，スイッチは必要ですが，サーボモータを付ける必要はありません。

(4) 工作

図9.8に示すように箱の中側にサーボモータを取り付けます。そして，サーボモータが回ると引っかかるようにサーボモータにでっぱりを付けます。このでっぱりはサーボモータに付いてくるサーボホーンを使うと簡単に作れます。これにより，サーボモータが回転するとカギがかかります。

Arduinoは箱の外に置いておき，サーボモータのケーブルを箱に開けた穴から出すと簡単に作れます。

(5) スケッチ（Arduino）

Arduinoはスイッチが押されたら「1」を送信して，その後に送られてくるファイルに書かれた数字に従ってサーボモータの角度を10度にするのか100度にするのか決めます*8。

リスト9.5を詳しく説明します。5行目のsetup関数では，サーボモータをデジタル9番ピンで動かす宣言と，デジタル2番ピンを入力（INPUT_PULLUP）として宣言をしています。電源投入時は解錠モード

*8 サーボモータの角度を0度に設定すると動作が不安定になり，振動することがあります。

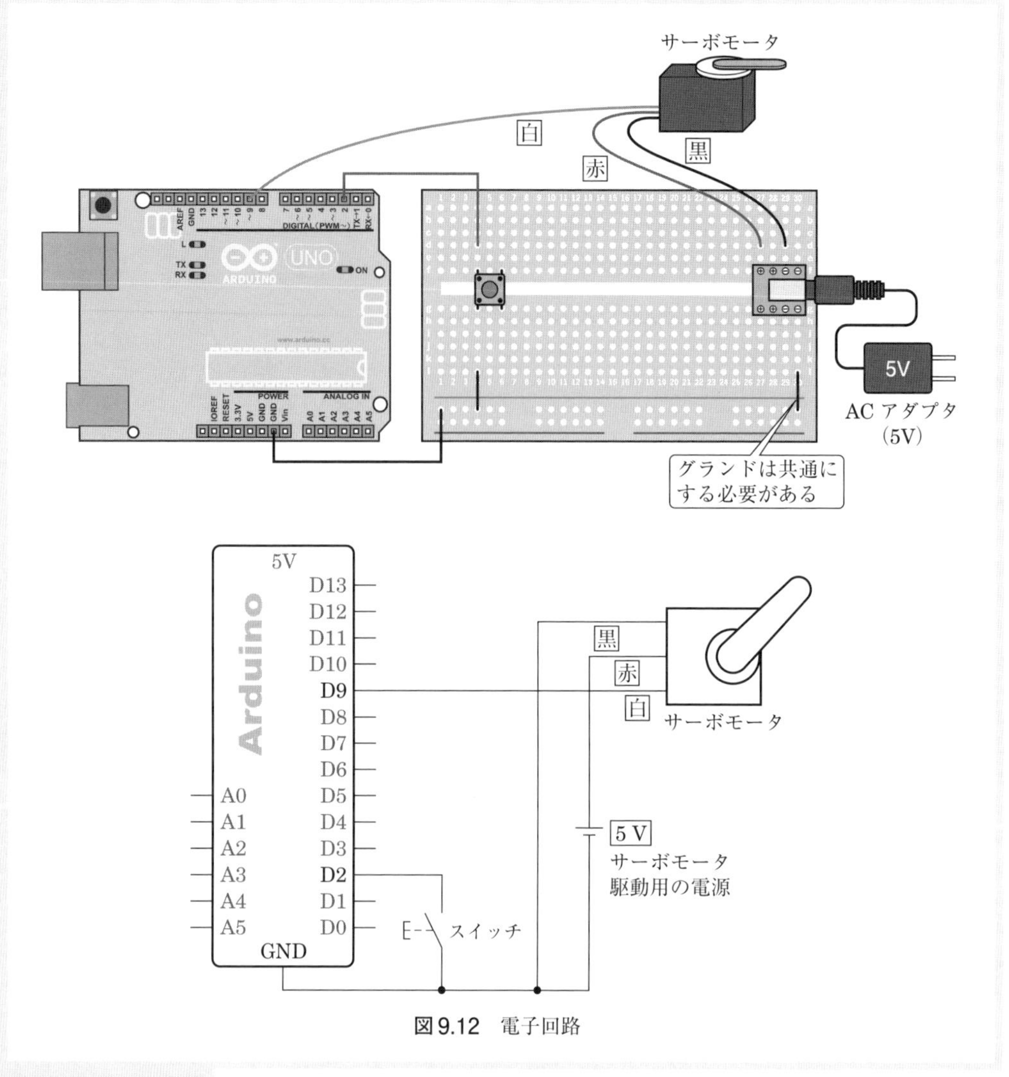

図9.12　電子回路

とするためにサーボモータの角度を10度にして，Arduinoに付いているLEDを光らせます。

`loop`関数ではまず，15～25行目でスイッチを押して離したタイミングで「1」を送信するための設定をしています*9。スイッチを押すと`flag`変数が「1」に変わり，離したときに`flag`変数が「1」となっていれば`flag`変数を「0」に設定し，パソコンに「1」を送信しています。

*9　このようにしないと押している間ずっと「1」を送り続けてしまいます。

その後，パソコンから何かデータが送られてきたかどうかを`Serial.available`関数で調べます。この関数は受信バイト数を調べることができます。パソコンから送られてきたデータがあればそれを読み取り，「o」であれば解錠モードとするためにサーボモータの角度を10度にしてLEDを光らせます。「c」であれば施錠モードとするためにサーボモータの角度を90度にしてLEDを消します。

▶リスト 9.5◀　サーボモータを回してカギをかける（Arduino 用）；Box.ino

```
#include <Servo.h>

Servo mServo;// サーボモータ用の設定

void setup() {
  Serial.begin(9600);
  mServo.attach(9);//9 番ピンでサーボモータを動かす
  pinMode(2, INPUT_PULLUP); // Input モードでプルアップ抵抗を有効に
  pinMode(LED_BUILTIN, OUTPUT);
  mServo.write(10);
  digitalWrite(LED_BUILTIN, HIGH);
}

void loop(){
  static int flag=0;
  if(digitalRead(2)==LOW){
    flag=1;
  }
  else{
    if(flag==1){
      flag=0;
      Serial.write('1');
      delay(500);
    }
  }
  if(Serial.available()>0){
    char a = Serial.read();
    if(a=='o'){
      mServo.write(10);
      digitalWrite(LED_BUILTIN, HIGH);
    }
    else if(a=='c'){
      mServo.write(100);
      digitalWrite(LED_BUILTIN, LOW);
    }
  }
}
```

(6) スクリプト（パソコン）

Arduino から「1」を受信した後，画像を確認し，解錠モードと施錠モードを判断して Arduino に指令を送るスクリプトを作ります。このスクリプトは図 9.11 に示したフローチャートに沿って実現します。これをリスト 9.6 に示します。

まず，7 行目でシリアル通信の設定をします。そして，その関数内で `timeout` を設定することでシリアル通信のタイムアウトの時間を設定します。これを設定しないと Arduino から何か送信があるまで 19 行目の `ser.read` 関数の部分でスクリプトが待機してしまいます。

9～42 行目を無限ループとしています。

10～16 行目で図 9.6 に示すウインドウを表示する処理をしています。

17 行目でキーボードからの入力を調べ,「Esc」キー（文字コード 27）が押されたら無限ループを抜けてスクリプトを終了するようにしています。

19 行目で Arduino から送られてきた値を受信しています。この関数のタイムアウト時間は 7 行目で 0.1 秒に設定しています。タイムアウトを設定しているため何も受信していない場合は b'' が変数 a に代入されます。そして,「1」を受信した場合は b'1'[*10] が変数 a に代入されます。

＊10　ser.read 関数の戻り値はバイト型の値であるため,「1」ではなく「b'1'」となります。

もし b'1' を受信していた場合（20 行目）は 21～42 行目が実行されます。

21～26 行目はリスト 9.4 の 18～23 行目と同じで，画像を切り出して，分類する部分です。

28 行目で key.txt ファイルを開いて，ファイルに書かれている 0～5 までのいずれかの数値を変数 b に代入しています。

以下では解錠モードと施錠モードのそれぞれについて説明します。

解錠モード　key.txt から読み込んだ数値が 0 ならば，現状は解錠モードなので，31～36 行目の処理を行います。カメラ画像を分類した結果の数値が 0（何も映っていない場合）でなければ（32 行目），解錠モードを施錠モードにするために「c」という文字を送ります（33 行目）。そして，それをカギの番号として，key.txt に書き出します（34, 35 行目）。またさらに，コンソール上でモードが変化したことがわかるように print 文で close を表示しています（36 行目）。

施錠モード　key.txt から読み込んだ数値が 0 でなければ，現状は施錠モードなので，38～42 行目の処理を行います。カメラ画像を分類した結果の数値と key.txt から読み込んだ数値が一致していれば（38 行目の if 文）解錠モードにするための処理を行います。なお，一致してなければ何も行いません。一致している場合は解錠モードにするために「o」という文字を送ります（39 行目）。その後，40, 41 行目で key.txt に 0 を書き出します。またさらに，コンソール上でモードが変化したことがわかるように print 文で open を表示しています（42 行目）。

▶リスト 9.6◀　カメラ画像によってカギを操作する（Python 用）：camera_CNN_box.py

```
1  # ニューラルネットワークの登録
2  model = L.Classifier(MyChain(), lossfun=F.softmax_cross_entropy)
3  chainer.serializers.load_npz('result/CNN.model', model)
4
5  cap = cv2.VideoCapture(0)
6
7  with serial.Serial('COM5', timeout=0.1) as ser:
```

```
    while True:
        ret, frame = cap.read()
        gray = cv2.cvtColor(frame, cv2.COLOR_BGR2GRAY)
        xp = int(frame.shape[1]/2)
        yp = int(frame.shape[0]/2)
        d = 200
        cv2.rectangle(gray, (xp-d, yp-d), (xp+d, yp+d), color=0,
            thickness=10)
        cv2.imshow('gray', gray)
        if cv2.waitKey(10) == 27:
            break
        a = ser.read()
        if a == b'1':
            gray = cv2.resize(gray[yp-d:yp + d, xp-d:xp + d],(40, 40))
            img = np.asarray(gray,dtype=np.float32) # 型変換
            img = img[np.newaxis, np.newaxis, :, :] # 4次元テンソルに変換（1
                ×1×8×8，バッチ数×チャンネル数×縦×横）
            x = chainer.Variable(img)
            y = model.predictor(x)
            c = F.softmax(y).data.argmax()
            print(c)
            with open('key.txt', 'r') as f:
                b = int(f.read())
            print(b)
            if b==0:
                if c!=0:
                    ser.write(b'c')
                    with open('key.txt', 'w') as f:
                        f.write(str(c))
                    print('close')
            else:
                if b==c:
                    ser.write(b'o')
                    with open('key.txt', 'w') as f:
                        f.write('0')
                    print('open')
cap.release()
```

9.6 畳み込みニューラルネットワーク

画像処理に強い方法である畳み込みニューラルネットワークの説明を行います。畳み込みニューラルネットワークの概要を示し，フィルタとは何か，それをどのように設定するのかについて順に説明していきます。

(1) 畳み込みニューラルネットワークの概要

画像認識では画像中の各ピクセルの縦横斜めの関係が重要となること

は想像できると思います。ディープニューラルネットワークに画像を入力する場合は，図 9.13 に示すように画像をスライスして一列に並べて入力を作ることが一般的です*11。そのため，縦や斜めの関係性が薄くなってしまいます。

＊11　画像ファイルは一般的に行方向にスライスした一列のデータとして保存されているため，図 9.13 の入力を作るのは容易です。

そこで，図 9.14 のように画像を増やす役割を持つ**畳み込み**と，画像サイズを小さくする役割を持つ**プーリング**という，2 つの処理を交互に何回も繰り返すことで，縦横斜めの関係性を保ったまま画像の特徴を抽出する方法が畳み込みニューラルネットワークの特徴となっています。なお，最後はニューラルネットワークの層を付けて分類を行います。

それぞれのフィルタの役割は大まかにいうと次のようになっています。

- 畳み込み：画像を増やす。
- プーリング：画像サイズを小さくする。

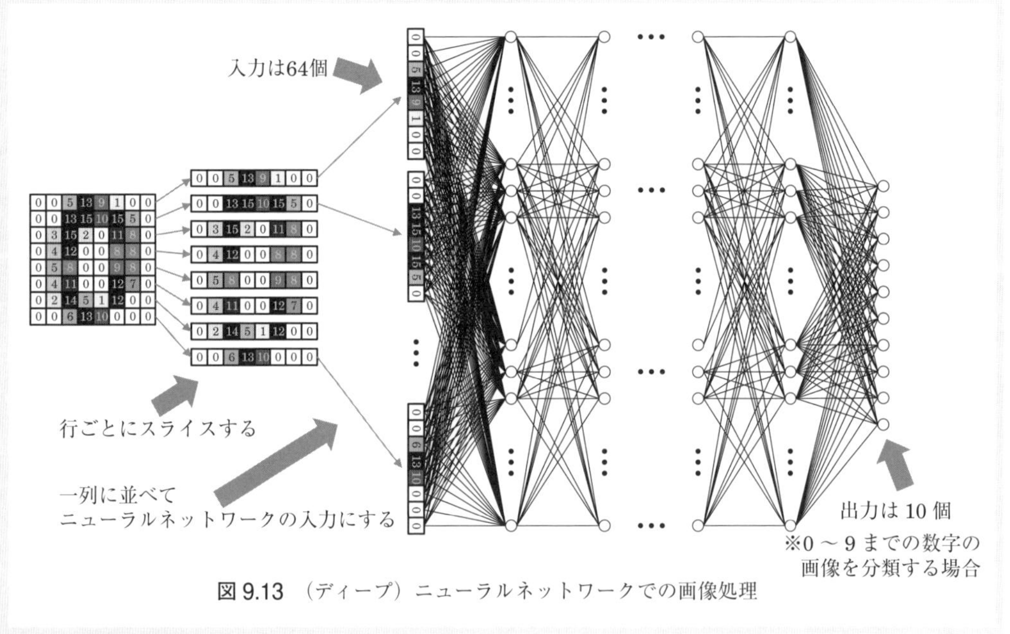

図 9.13　（ディープ）ニューラルネットワークでの画像処理

(2) 畳み込みとプーリング

畳み込みとプーリングとはどのようなものなのか説明をします。これらの処理を行うには**畳み込みフィルタ**と**プーリングフィルタ**と呼ばれるものが用いられます。

まず，畳み込みフィルタについて説明をします。畳み込みフィルタとは，図 9.15 に示すように，ある大きさの行列です（入力データの種類や大きさによりますが，3×3 や 5×5 がよく用いられます）。そして，畳み込み処理はそのフィルタを用いて，画像中の各画素に対して行列計算を行う処理のことです。そして，そのフィルタを横にずらして同様に計算を行う処理を画像全体に繰り返します。畳み込み処理を行った場合

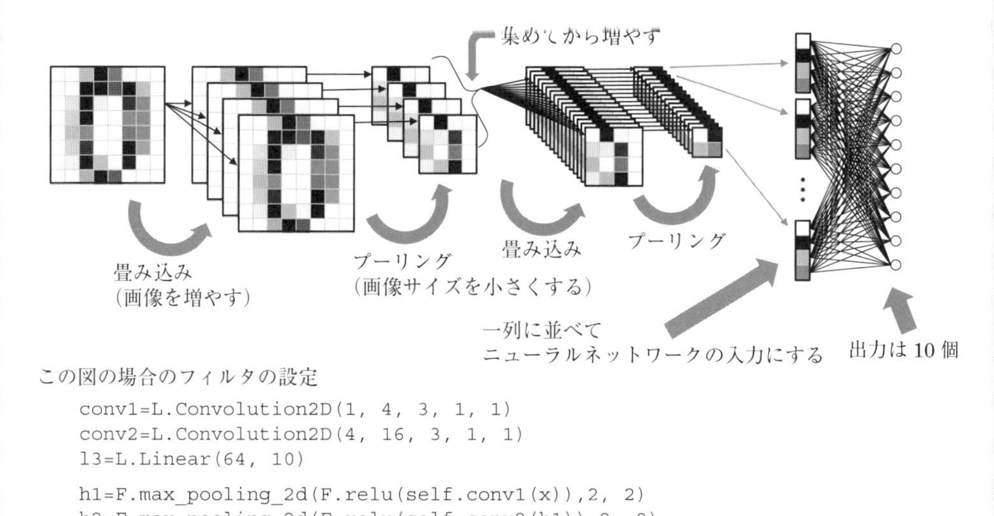


```
conv1=L.Convolution2D(1, 4, 3, 1, 1)
conv2=L.Convolution2D(4, 16, 3, 1, 1)
l3=L.Linear(64, 10)

h1=F.max_pooling_2d(F.relu(self.conv1(x)),2, 2)
h2=F.max_pooling_2d(F.relu(self.conv2(h1)),2, 2)
y=self.l3(h2)
```

図 9.14　畳み込みニューラルネットワークでの画像処理

は画像サイズがほんの少しだけ小さくなります。

図 9.15 の例ではフィルタを 1 つずつ右にずらして計算したときの結果を示しています。たとえば，図 9.15 の出力の左上の「11」は，入力の「0，0，5，0，0，13，0，3，15」の部分（左上の太枠で囲まれた 9 個の値）に対してフィルタによる計算から得られた値です。1 つずつ右にずらすとは入力の「0，5，13，0，13，15，3，15，2」に対してフィルタによる計算を行うことをいいます。なお，この計算結果は出力の左上から右に 1 つずれた 10 になります。図 9.16 の例では 2 つずつずらしています。この場合はストライドサイズを 2 と呼びます。ストライド

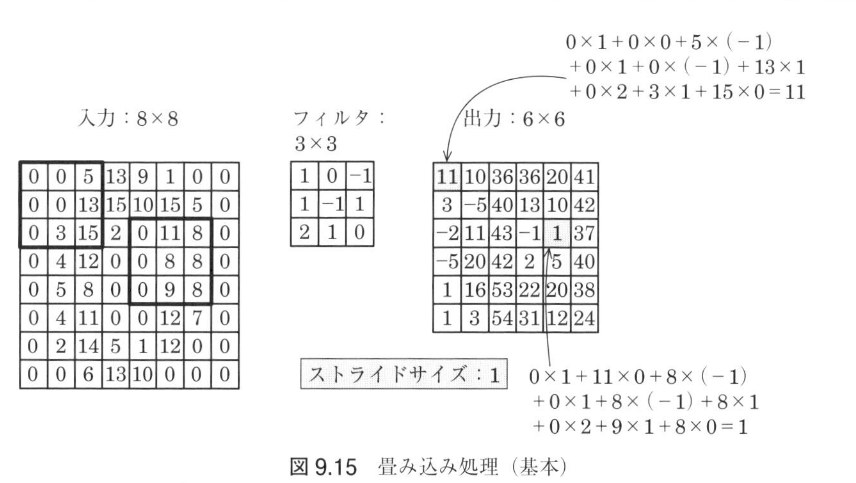

入力：8×8

0	0	5	13	9	1	0	0
0	0	13	15	10	15	5	0
0	3	15	2	0	11	8	0
0	4	12	0	0	8	8	0
0	5	8	0	0	9	8	0
0	4	11	0	0	12	7	0
0	2	14	5	1	12	0	0
0	0	6	13	10	0	0	0

フィルタ：3×3

1	0	−1
1	−1	1
2	1	0

出力：6×6

11	10	36	36	20	41
3	−5	40	13	10	42
−2	11	43	−1	1	37
−5	20	42	2	5	40
1	16	53	22	20	38
1	3	54	31	12	24

図 9.15　畳み込み処理（基本）

サイズを2にした場合は図9.16のように画像がかなり小さくなります。また，図9.17のように周りに0を配置する設定をすることもできます。図9.17は画像の周りに0を1重に配置していますので，パディングサイズが1となります。パディングサイズを1として3×3のフィルタを用いると図9.17のように画像が小さくなりません。

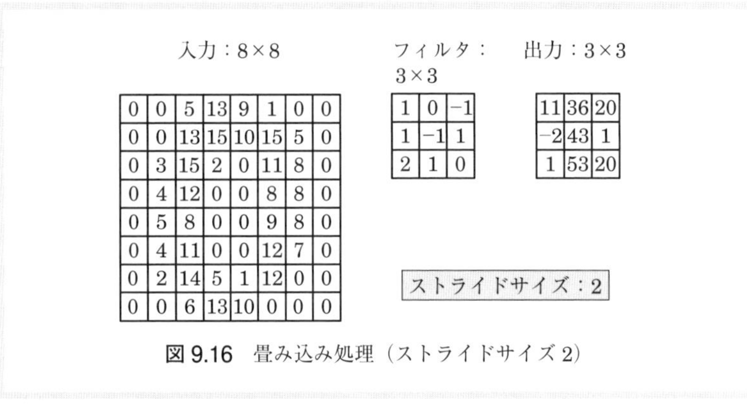

図9.16　畳み込み処理（ストライドサイズ2）

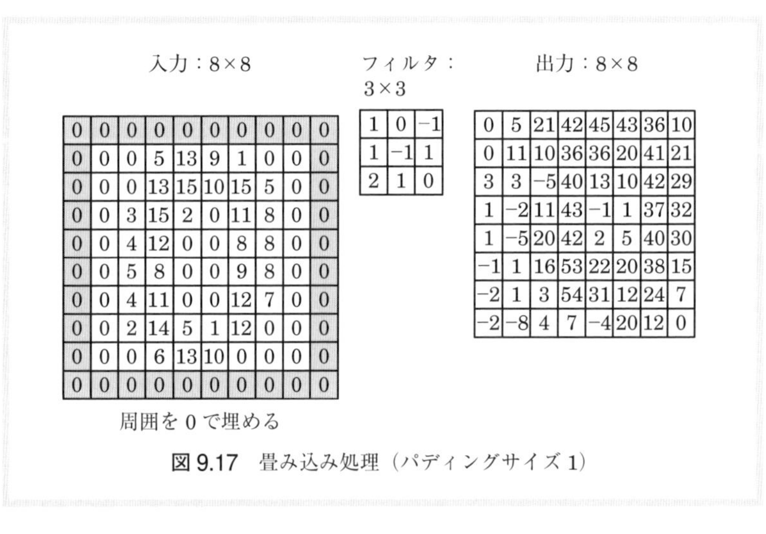

図9.17　畳み込み処理（パディングサイズ1）

次に，フィルタ数について説明します。畳み込み処理は図9.18に示すように値の異なる複数のフィルタを同じ入力に対して用いることができます。この処理に用いるフィルタの数をフィルタ数と呼びます。これによりフィルタの数だけ新たな画像を作成することができます。つまり，畳み込み処理により画像を増やすことができます。なお，図9.18のフィルタ数は3です。

最後に，プーリングフィルタについて説明します。プーリングは図9.19に示すようにフィルタのサイズで囲まれた中で最大の値だけを抜き出す処理を行います[*12]。この例では2×2のフィルタを用いています。たとえば入力の左上の2×2に着目してみます。この4つの値は「0, 5,

＊12　平均値を用いたり中央値を用いたりなど，さまざまな方法があります。

0, 11」なので最大値は「11」となります。そして，それをストライドサイズ2としてフィルタをずらしています。なお，通常はプーリングのフィルタサイズとストライドサイズは同じにします。プーリング処理

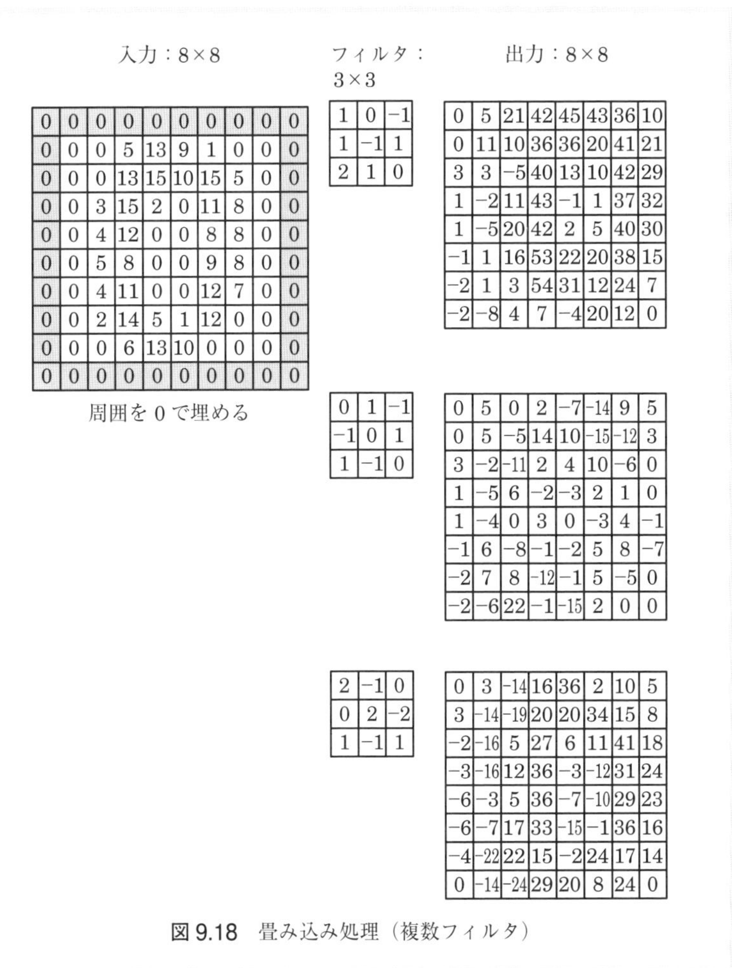

図 9.18　畳み込み処理（複数フィルタ）

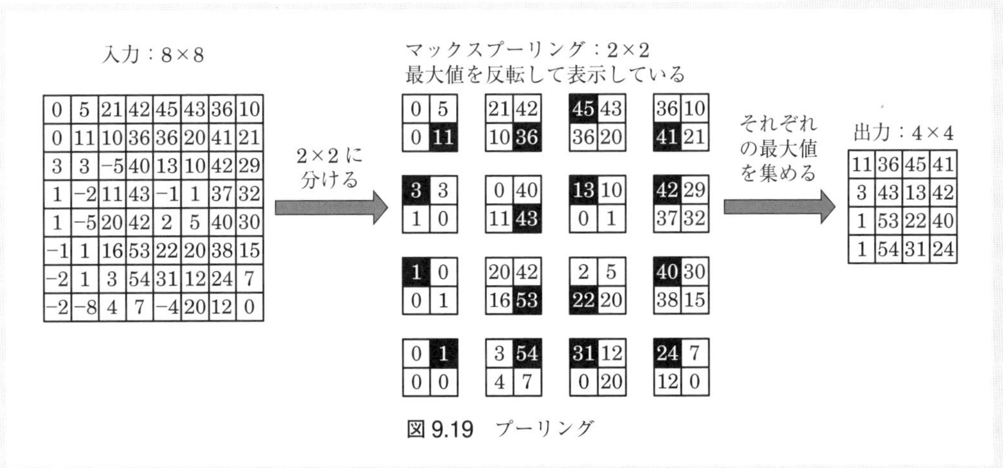

図 9.19　プーリング

により画像を小さくすることができます。

入力画像の横のサイズを W，縦のサイズを H とすると，畳み込み処理とプーリング処理を行うと画像サイズは次式として変更されます。なお，OW は出力画像の横のサイズ，OH は縦のサイズです。

$$OW = \left(\frac{W + 2P - FW}{S} + 1 \right) \times \frac{1}{PW}$$

$$OH = \left(\frac{H + 2P - FH}{S} + 1 \right) \times \frac{1}{PH}$$

- **畳み込みフィルタサイズ**：FW（フィルタの横のサイズ）FH（フィルタの縦のサイズ）　畳み込みと呼ばれる計算を行う範囲を設定します。3 や 5 程度がよく用いられます。
- **ストライド**：S　フィルタを動かす量を決めます。通常は 1 ですが，2 を設定すると畳み込み処理でも画像が小さくなります。
- **パディング**：P　画像の周りに 0 を配置します。1 を設定した場合は 1 重に，2 を設定した場合は 2 重に配置することとなります。
- **フィルタ数**：N　畳み込み処理では複数のフィルタを用いることで画像を増やします。たとえば，図 9.14 の例では 1 回目の畳み込み処理では 4 枚のフィルタを用いて，2 回目では 16 枚用いています。Chainer では最後のフィルタの数が重要となります。
- **プーリングフィルタサイズ**：PW（フィルタの横のサイズ）PH（フィルタの縦のサイズ）　プーリングと呼ばれる処理をする範囲を設定します。2 がよく用いられます。
- **プーリングストライド**：PS　フィルタを動かす量を決めます。通常はプーリングフィルタサイズと同じにします。

以上より，画像のピクセル数が $W \times H$ から $OW \times OH$ となります。畳み込み処理とプーリング処理は図 9.14 に示すように複数回繰り返すことが多いです。

(3) 設定の仕方

最後にスクリプトでの設定の仕方を示します。

畳み込みフィルタはリスト 9.7 のように設定します。1 行目では，1 チャンネルの画像に 16 枚のフィルタを適用していて，そのフィルタサイズが `3`，ストライドサイズとパディングサイズが `1` としています。2 行目では，16 チャンネルの画像に 64 枚のフィルタを適用しています。3 行目では図 9.14 に示す最後のニューラルネットワーク層を設定しています。`6400` は上記の計算を行った結果です。

▶リスト 9.7◀　畳み込み

```
self.conv1=L.Convolution2D(1, 16, 3, 1, 1)  # 1層目の畳み込み層（フィルタ数は16）
self.conv2=L.Convolution2D(16, 64, 3, 1, 1) # 2層目の畳み込み層（フィルタ数は64）
self.l3=L.Linear(6400, 10) #クラス分類用
```

プーリングフィルタはリスト 9.8 のように設定します。1 行目と 2 行目ではフィルタサイズが 2，ストライドサイズが 2 のフィルタを適用しています。そして，その計算結果に ReLU 処理を行ってから最大値フィルタを施しています。3 行目は通常のニューラルネットワークの出力と同じです。

▶リスト 9.8◀　プーリング

```
1 h1 = F.max_pooling_2d(F.relu(self.conv1(x)), 2, 2) # 最大値プーリングは2×2，活性化関数はReLU
2 h2 = F.max_pooling_2d(F.relu(self.conv2(h1)), 2, 2)
3 y = self.l3(h2)
```

第10章 深層学習でジェスチャーを分類 -リカレントニューラルネットワーク-

図10.1に示すように，ブレッドボードに加速度センサとスイッチを付けて，ブレッドボードごと振ります。そして，振り始めてから0.5秒間のジェスチャーのデータをArduinoからパソコンに送り，ジェスチャー分類します。

なお，本章では図1.1に示した深層学習のうちのリカレントニューラルネットワーク（RNN）を使って実現します。

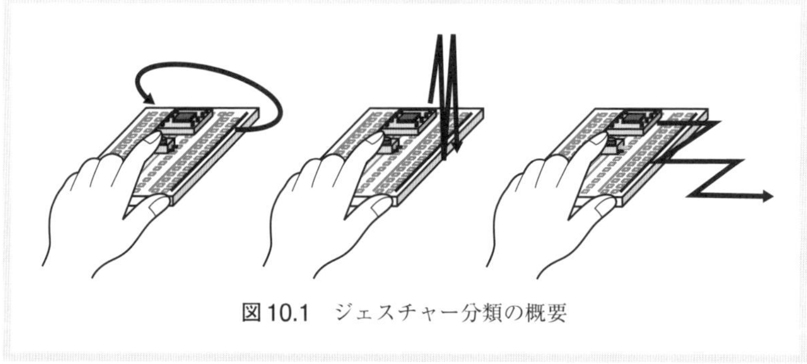

図10.1　ジェスチャー分類の概要

本章では以下の手順で説明を行います。

①**収集（電子工作）**　加速度センサを振ってジェスチャーを集める（10.1節）

②**学習（深層学習）**　集めたジェスチャーを学習する（10.2節）

③**分類（深層学習）**　学習結果を用いてジェスチャーを分類する（10.3節）

10.1 【収集】ジェスチャーの収集

使用する電子部品	
3軸加速度センサ（KXR94-2050）	1個
スイッチ	1個

Arduinoに付けた3軸加速度センサを使って，ジェスチャー中の動きを計測して，それをパソコンに送ることでデータを収集します。

(1) データの収集手順

ジェスチャーを収集するための手順を説明します。

ジェスチャーを行う前に，ジェスチャーを集めるためのスクリプト(gesture.py）と同じフォルダにreceiveとdataフォルダを作っておきます[*1]。このreceiveフォルダの中にジェスチャーのデータが保存され

＊1　フォルダ構成

```
Gesture
 |-gesture.py
 |-receive
 |-data
```

ます。

Arduinoに付いたスイッチを押してから0.5秒間のジェスチャーのデータを記録します。「同じジェスチャー」を連続して数十回（本書では40回行った結果を示しています）行う必要があります。たとえば，「スイッチを押して，回すジェスチャーを行う」ことを40回行ったとします。これにより，receiveフォルダの中に0.txt，1.txt，2.txt，…，39.txtという名前で通し番号を付けてジェスチャーのデータが保存されます*2。

receiveフォルダの名前を変更します。たとえばaフォルダに変更したとします。そのaフォルダをdataフォルダに移動します*3。これにより，aフォルダには回すジェスチャーのデータが入っていることになります。

再度，receiveフォルダを作ります。先ほどと異なるジェスチャーのデータを集めます。たとえば，縦振りジェスチャーを40回行ったとします。これにより，縦振りジェスチャーのデータがreceiveフォルダの中に入ります*4。

receiveフォルダをbフォルダに名前を変えてdataフォルダの下に移動します*5。

以上を繰り返すことでジェスチャーごとのフォルダをdataフォルダの下に作ります。

(2) データ通信

Arduinoからパソコンへはスイッチが押されたときをスタートとし，加速度センサから得られた3つの値を10ミリ秒（0.01秒）間隔で500ミリ秒（0.5秒）間送ります。データを送る回数は，10ミリ秒おきに500ミリ秒間送信しますので，50回となります。送信するデータは加速度センサで計測できるx，y，z方向の3つの数値をカンマ区切りで送ることとします。これを図で表すと図10.2となります。そして，パソコン内のreceiveフォルダに，1つのファイルにジェスチャー1回分のデータを保存します。

1回分のジェスチャー終了後は以下のフォーマットのファイルが生成されます。

```
x(1) 方向の加速度, y(1) 方向の加速度, z(1) 方向の加速度
x(2) 方向の加速度, y(2) 方向の加速度, z(2) 方向の加速度
x(3) 方向の加速度, y(3) 方向の加速度, z(3) 方向の加速度
(中略)
x(50) 方向の加速度, y(50) 方向の加速度, z(50) 方向の加速度
```

*2 フォルダ構成

```
Gesture
 |-gesture.py
 |-receive
   |-0.txt
   |-1.txt
   |-2.txt
     (以下省略)
 |-data
```

*3 フォルダ構成

```
Gesture
 |-gesture.py
 |-data
   |-a
     |-0.txt
     |-1.txt
     |-2.txt
     (以下省略)
```

*4 フォルダ構成

```
Gesture
 |-gesture.py
 |-receive
   |-0.txt
   |-1.txt
   |-2.txt
   (以下省略)
 |-data
   |-a
     |-0.txt
     |-1.txt
     |-2.txt
     (以下省略)
```

*5 フォルダ構成

```
Gesture
 |-gesture.py
 |-data
   |-a
     |-0.txt
     |-1.txt
     |-2.txt
     (以下省略)
   |-b
     |-0.txt
     |-1.txt
     |-2.txt
     (以下省略)
```

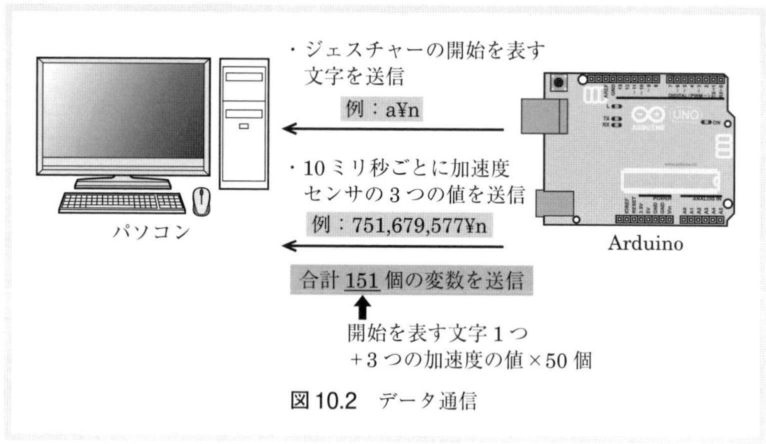

図10.2　データ通信

(3) 回路

3軸加速度センサの値を取得するための配線図を図10.3に示します。加速度センサには3軸加速度センサモジュールKXR94-2050を用います。3軸加速度の3つのセンサの値を読み取るため，アナログ0，1，2番ピンにx軸，y軸，z軸の加速度の値を出力するピンをつなぎます。

そして，ジェスチャーの開始を示すためのスイッチをデジタル2番ピンにつなぎます。なお，スイッチはArduinoの`INPUT_PULLUP`の機能を使いますので，スイッチを押したらGNDピンにつながるようにします。

3軸加速度センサのピン配置とArduinoとつなぐ足を図10.4に示します。

(4) 工作

図10.1のようにブレッドボードに加速度センサを付けて，図10.5のように，そのブレッドボードの裏にArduinoを重ねて輪ゴムで止めて全体を振ります。

(5) スケッチ（Arduino）

スイッチが押されたら加速度センサの値を読み取り，それをパソコンに送信するためのスケッチをリスト10.1に示します。

まず，`setup`関数でシリアル通信の速度を115200 bpsに設定しています。ここが今までの通信と異なります。今回は10ミリ秒ごとにデータを収集しますので通信速度を速くしています。そして，デジタル2番ピンにつないだスイッチを使うために`INPUT_PULLUP`の設定をしています。

次に，`loop`関数の8, 9行目の`if`文ではスイッチが押されるのを待っているときに実行され，8行目の`if`文に対応する14行目の`else`文で

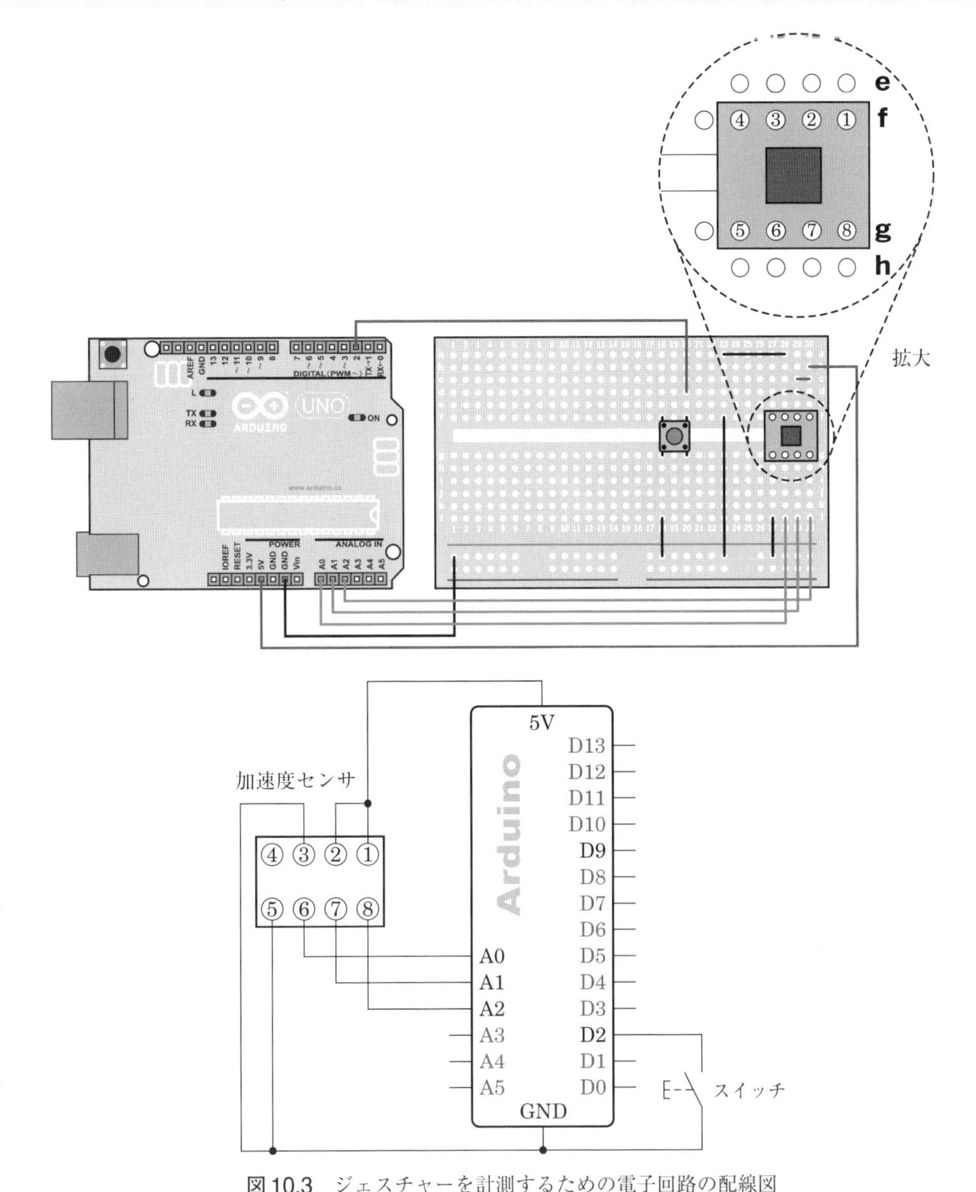

図 10.3　ジェスチャーを計測するための電子回路の配線図

はデータの読み取りと送信を行います。まず，9 行目の if 文から説明します。この if 文はデジタル 2 番ピンにつながるスイッチが押されたことを検出しています。そして，count 変数に 50 を入れることで加速度センサの値を 50 回送信する設定にしています*6。その後，データの送信開始を表すために「a」を改行コード付きで送信しています。

14 ～ 22 行目では加速度センサの値を読み取り，その値をカンマ区切りで送信し，最後に改行コードを送信しています。

これを 10 ミリ秒待って（21 行目）実行することで，10 ミリ秒おきにデータを取得して送信するようにしています*7。

*6　count 変数に入れる値を変えると送信するデータの数を変えることができます。その場合リスト 10.2 の 14 行目 50 となっている部分を変更する必要があります。

*7　ほぼ 10 ミリ秒おきに送信しますが，正確ではありません。より正確に送るためには MsTimer2 というライブラリを使ってください。

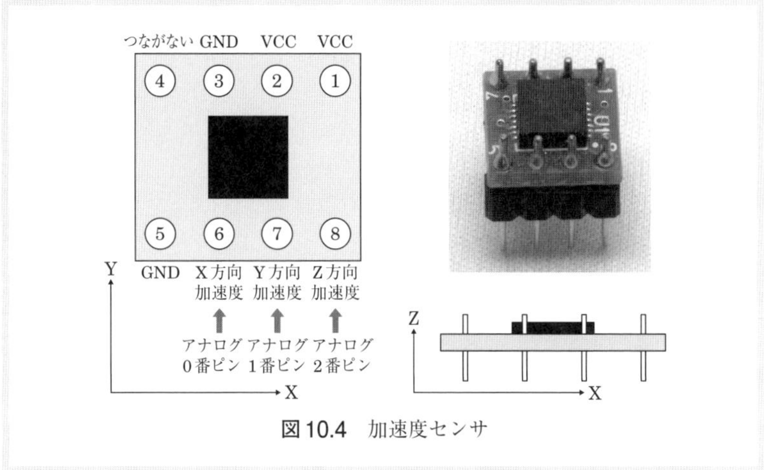

図 10.4　加速度センサ

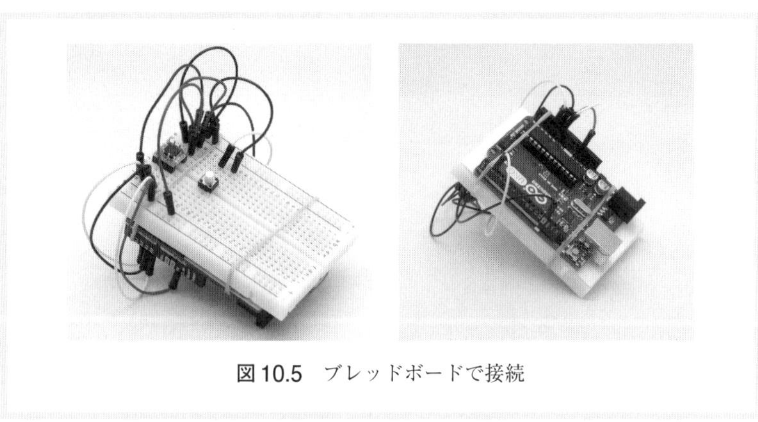

図 10.5　ブレッドボードで接続

このスケッチを実行して，シリアルモニタを開くと送信されるデータが確認できます。ただし，シリアルモニタの右下にある通信速度を 115200 bps に変更してください*8。

*8　Python スクリプトを実行するときはシリアルモニタは閉じてください。

▶リスト 10.1◀　加速度データの計測と送信（Arduino 用）：Gesture_check.ino

```
void setup() {
  Serial.begin(115200);
  pinMode(2, INPUT_PULLUP);
}

void loop() {
  static int count = 0;
  if (count == 0) {
    if (digitalRead(2) == LOW) {
      count = 50;
      Serial.println("a");
    }
  }
  else {
    count--;
    Serial.print(analogRead(0));
```

```
    Serial.print(",");
    Serial.print(analogRead(1));
    Serial.print(",");
    Serial.println(analogRead(2));
    delay(10);
  }
}
```

(6) スクリプト（パソコン）

パソコンでデータを受信して，それをファイルに保存するためのスクリプトをリスト 10.2 に示します。

ここでは，1 回のジェスチャーにつき 1 つのファイルを作ります。そのため，何回目のデータなのかを保存するための変数として，n1 という変数を用意しています。

まず，6 行目でシリアル通信の設定を行います。この通信速度も 115200 bps とする必要があります。そして，8 行目で何か受信したらそれを gn 変数に代入します。gn には送信開始を表す 1 バイトの文字が入ります。それを読み込んだ後，データを保存するためのファイルの番号（n1）に .txt を付けたファイルを生成します。

その後，50 回データを読み込み，それをファイルに保存します。

▶リスト 10.2◀　ジェスチャーファイル保存（Python 用）：gesture_save.py

```
1  # -*- coding: utf-8 -*-
2  import serial
3  import time
4
5  n1 = 0
6  with serial.Serial('COM5', 115200) as ser:
7      while True:
8          gn = ser.readline()
9          filename = 'receive/{0}.txt'.format(n1)
10         n1 += 1
11         print(filename)
12         time.sleep(1.0)
13         with open(filename, 'w') as f:
14             for i in range(50):
15                 line = ser.readline()
16                 line = line.rstrip().decode('utf-8')
17                 f.write(line+'¥n')
18         print('End')
```

(7) データの集め方

データの集め方を説明します。gesture_save.py を実行するとジェスチャーの記録待機状態となります。

```
> gesture_save.py
receive/0.txt
End
receive/1.txt
End
receive/2.txt
End
```

スイッチを押したらすぐにジェスチャーを行ってください。0.5秒間のデータが記録されますので急ぐ必要があります。

スイッチを押すと上記のようにプロンプトにデータを保存するファイル名が表示されます。最初のファイルは，receiveフォルダの下に0.txtという名前で保存されます。

その後，Arduinoから送信されたデータがファイルに記録されます。記録が終わるとEndと出ます。これで1回分のジェスチャーの動作が記録されることになります。

上記の例では，同じジェスチャーを3回分記録したことになります。

Pythonスクリプトを終了するときはCtrl+Cを押した後，Arduinoにつながったボタンを何回か押してください。

Tips

ジェスチャーデータ収集のコツ

少ないデータで学習できるようにするために，毎回同じような動作にする方が良いです。たとえば以下の点に注意してみてください。

- ジェスチャーの開始時の加速度センサの姿勢は毎回同じ
- 円の場合には，下から左回りに1回と決める
- 縦振りの場合には，最初は上に振ることからはじめる
- 縦振りや横振りは3往復と決める

(8) 集めたデータをグラフで確認

集めたデータをグラフで確認します。データのフォーマットは先ほど示したようにx，y，z方向の加速度が50個並んでいます。

それぞれのジェスチャーのデータをグラフにしたものが図10.6です。3つのジェスチャーがそれぞれ違うことがわかります。この程度グラフ

表10.1　フォルダとジェスチャーの関係

フォルダ名	ジェスチャー
aフォルダ	動かさない
bフォルダ	丸
cフォルダ	縦
dフォルダ	横

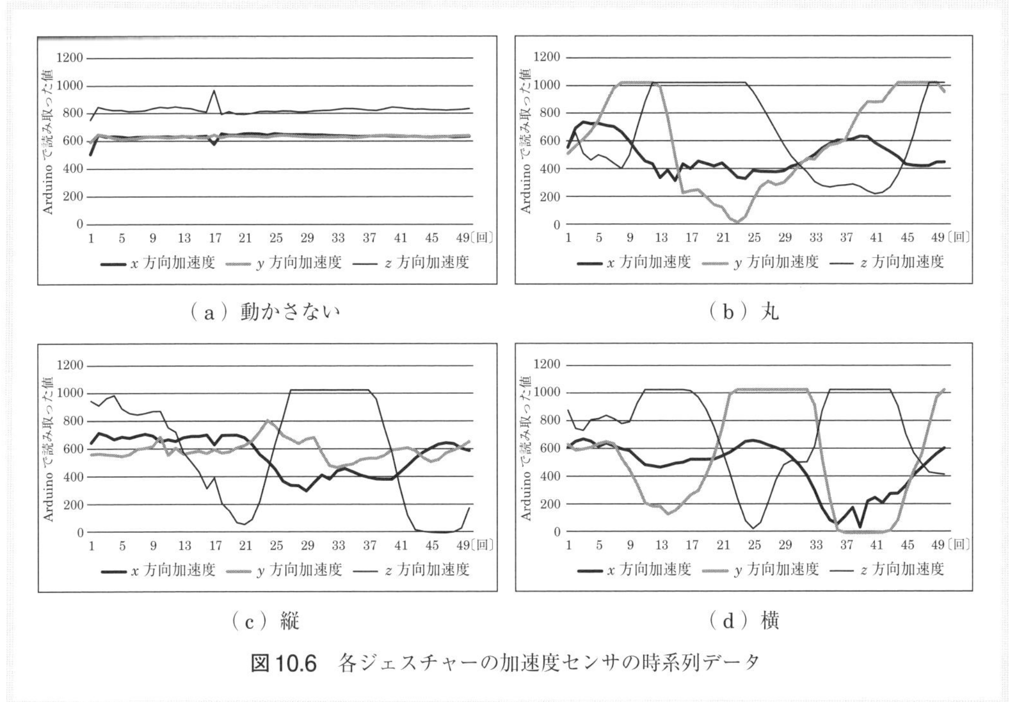

（a）動かさない　（b）丸　（c）縦　（d）横

図 10.6　各ジェスチャーの加速度センサの時系列データ

が異なるとうまく分類できます[*9]。ここでは,「動かさない」,「丸」,「縦」,「横」の 4 種類のデータを用意しました。フォルダとジェスチャーの関係は以下としました。

*9　できそうかどうかの感覚は何度も深層学習のスクリプトを作ると自然に身に付きます。

10.2 【学習】集めたジェスチャーを学習

集めたジェスチャーデータを使って学習します。そのスクリプトをリスト 10.3 に示します。

これまでのスクリプトとの違いはネットワークの作り方にあります。7，8 章ではディープニューラルネットワークを使い，9 章では畳み込みニューラルネットワークを使いました。

ここでは，リカレントニューラルネットワークの発展版である Long Short-Term Memory（LSTM）を使います。LSTM とは過去の情報をうまく使って学習する方法です。ジェスチャーは連続的に変化する点にポイントがありますので，LSTM を使うこととしました。リカレントニューラルネットワークのもう少し詳しい説明は 10.4 節を参考にしてください。

スクリプトを実行すると以下の表示が得られます。8 章で示したスクリプトの実行結果とほぼ同じで，テストデータを用いた検証を行っていません。この例ではエピソード数（学習回数）が 20 回で約 109 秒で終了し，学習データの正答率は約 98%となっています。

```
>gesture_train.py
class: a, class id: 0
class: b, class id: 1
class: c, class id: 2
class: d, class id: 3
epoch       main/loss   main/accuracy   elapsed_time
1           1.24951     0.423077        5.41048
2           0.536594    0.798077        11.2258
3           0.360914    0.894231        17.4235
（中略）
19          0.0659517   0.995192        104.071
20          0.0529824   0.984375        109.282
```

2章のリスト2.1に示したスクリプトと異なる点だけ示します。データの読み込みは，61～81行までに相当します。ジェスチャーデータは，ジェスチャーの種類ごとに異なるフォルダに置いてありますので，そのジェスチャーごとのフォルダ名を取得します（61，62行目）。次に，65行目で，ジェスチャーの種類ごとのフォルダからジェスチャーデータのファイル（txtファイル）を1つずつ取得します。65～71行にかけて，ジェスチャーデータのファイルを開き，センサ値をtempにリスト形式で格納していきます。すべての時刻のセンサデータを取得後，tempのリストをNumPyの行列形式に変換します。また，ディープラーニングの入力では，入力データを正規化（ここではデータ値の平均値を0，分散が1になる正規化）しておくことが望ましいとされていますので，73～75行目にかけてデータを正規化しています。1つの正規化されたジェスチャーデータをdataにリスト形式で格納し，そのジェスチャーの種類のラベルIDもlabelにリスト形式で格納しています。79，80行目でdataとlabelをそれぞれNumPy形式に変換しています。ジェスチャーデータとそれに対応するラベルIDは，Pythonのタプル形式で保存しておきます。これはChainerのTrainerで扱いやすくするためです。

▶リスト10.3◀ ジェスチャーを学習（Python用）：gesture_train.py

```
1  # -*- coding: utf-8 -*-
2  import numpy as np
3  import chainer
4  import chainer.functions as F
5  import chainer.links as L
6  import chainer.initializers as I
7  from chainer import training
8  from chainer.training import extensions
9  import os
10 import six
11 
12 # モデルの定義
13 class RNN(chainer.Chain):
14     def __init__(self, n_layers, in_units, h_units, n_out, dout): #
           LSTMのレイヤー数，入力次元数，隠れ層の次元数，分類クラス数，LSTMのdropout率
```

```
        super(RNN, self).__init__()
        with self.init_scope():
            self.l1 = L.NStepBiLSTM(n_layers, in_units, h_units, dout) # 双方向LSTM を使用
            self.l2 = L.Linear(h_units * 2, h_units, initialW=I.HeNormal(scale=1.0))
            self.l3 = L.Linear(h_units, n_out, initialW=I.HeNormal(scale=1.0))
    def __call__(self, xs, ys, dout=0.5):
        h, _, _= self.l1(None, None, xs) # 初期ベクトルとしてゼロベクトルを渡す。最後のタイムステップの出力値 (h) のみを利用。xsはリスト形式。
        h = F.concat(h, axis=1) # 各方向ごとの出力結果を1次元に展開 (1次元の場合は次元削除)
        h = self.l2(h)
        h = F.dropout(h, ratio=dout)
        h = F.relu(h)
        output = self.l3(h)
        return self.loss_calc(output, ys)
    # 損失計算
    def loss_calc(self, xs, ys):
        #ys = F.stack(ys, axis=0)
        ys = np.asarray(ys, dtype=np.int32)
        loss = F.softmax_cross_entropy(xs, ys)
        chainer.report({'loss': loss}, self)
        acc = F.accuracy(xs, ys)
        chainer.report({'accuracy': acc}, self)
        return loss

def convert(batch, device=None):
    def to_device_batch(batch):
        if device is None:
            return batch
        elif device < 0:
            return [chainer.dataset.to_device(device, x) for x in batch]
        else:
            xp = cuda.cupy.get_array_module(*batch) # numpy,cupy 判別
            concat = xp.concatenate(batch, axis=0) # 2次元的にデータ次元で結合
            sections = np.cumsum([len(x) for x in batch[:-1]], dtype='i') # 各シーケンスの長さを計算
            batch = xp.split(concat, sections) # シーケンスの長さで2次元データを分割
            return chainer.dataset.to_device(device, batch) # デバイスを変換

    return {'xs': to_device_batch([x for x, _in batch]),
            'ys': to_device_batch([y for _, y in batch])}

epoch = 20
batchsize = 16

data = []
label = []
id = 0
data_dir = './data'
for c in sorted(os.listdir(data_dir)):
    print('class: {}, class id: {}'.format(c, id))
```

```
    d = os.path.join(data_dir, c)
    files = os.listdir(d)
    for i in [ft for ft in files if ('txt' in ft)]:
        #print(os.path.join(d, i))
        with open(os.path.join(d, i), mode='r') as f:
            temp = []
            for line in f.readlines():
                t = line.strip().split(',')
                temp.append(t)
        temp = np.array(temp, dtype=np.float32)
        ave = np.mean(temp)
        var = np.std(temp)
        temp = (temp - ave) / var # 正規化
        data.append(temp)
        label.append(id)
    id += 1
data = np.array(data, dtype=np.float32)
label = np.array(label, dtype=np.int32)

train_source = data
train_target = label
assert len(train_source) == len(train_target)
train = [(s, t) for s, t in six.moves.zip(train_source, train_target)] # データセットをタプル化。

# モデルの定義
model = RNN(1, train[0][0].shape[1], 128, 4, 0.5)

# オプティマイザ
optimizer = chainer.optimizers.MomentumSGD(lr=0.01)
optimizer.setup(model)
optimizer.add_hook(chainer.optimizer_hooks.WeightDecay(5e-4))

# イタレータ
train_iter = chainer.iterators.SerialIterator(train, batchsize, True, True)

# アップデータ
updater = training.StandardUpdater(train_iter, optimizer, converter=convert)

trainer = training.Trainer(updater, (epoch, 'epoch'))
trainer.extend(extensions.LogReport())
trainer.extend(extensions.PrintReport(['epoch', 'main/loss', 'main/accuracy', 'elapsed_time']))
trainer.extend(extensions.ProgressBar(update_interval=1))

# 5 epochごとに学習率を半分にする
trainer.extend(extensions.ExponentialShift('lr', 0.5), trigger=(5, 'epoch'))

trainer.run()
model.to_cpu()

chainer.serializers.save_npz('result/RNN.model', model)
```

10.3 【分類】加速度計を振って得たジェスチャーの分類

リスト 10.3 を実行すると学習モデルが生成されます。学習モデルは result フォルダの下に RNN.model として保存されます。そのモデルを使ってジェスチャーとして送られてきたデータを分類する方法を示します。

実行すると以下のように分類結果がターミナルに表示されます。

```
>gesture_test.py
variable([1])
variable([0])
variable([2])
variable([1])
(後略)
```

ここで，`variable([1])` は 1 番の ID として分類されたことを意味します。ID とジェスチャーの関係は 10.2 節の実行結果のはじめの 4 行にあった `class` と `id` の関係から対応付けます。

たとえば，実行結果では「`class: b, class id: 1`」となっています。1 番の ID は b フォルダ（この例では丸）に入っているジェスチャーという意味となります。

(1) 電子回路と工作

簡単に実行するために，10.1 節で用いた電子回路と工作を用いることとします。

(2) スケッチ（Arduino）

簡単に実行するために，Arduino のプログラムはリスト 10.1 と同じものを使います。

(3) スクリプト（パソコン）

なるべく簡単に実現するためにここでは，リスト 10.3 を改造して作成します。改造の方針は以下のようになります。

- ネットワークの部分は同じ
- 学習データ読み込み部分と学習部分を削除
- 学習済みモデルの読み込みを追加
- データの受信部分を追加
- 判別する部分を追加

このスクリプトをリスト 10.4 に示します。追加した部分をそれぞれ説明します。

ニューラルネットワークにかかわる処理は，17 行目のクラスで定義されています。21～23 行目が利用するニューラルネットワークの各層の宣言，26～33 行目で各層の連結方法を定義しています。今回は，双方向（時間に対して前向きと後ろ向き）の LSTM を利用します。

LSTM はさまざまなバリエーションが考案されており，扱う問題によって適切なものを選ぶとよりうまく学習できます。本書で扱うデータはデータの長さが固定なので必ずしも使う必要はありませんが，ここでは紹介もかねて入力するジェスチャーごとの時間的長さが変わっても対応できる NStepLSTM 関数を利用します。

さらに，うまく学習できるように双方向を扱う NStepBiLSTM を使っています。どのバージョン LSTM を使うとうまくいくかはさまざまなバージョンを試しながら経験を積むしかありません。本書で紹介するバージョンの LSTM は少し難しいですが，うまく分類することができたものです。読者の皆様が改造できるように説明を行いますが，少し難しい話となりますので，初心者の方は深層学習をもう少し知ってから再度読み進めることを勧めます。

NStepBiLSTM の引数として，LSTM 層のレイヤー数（n_layers），入力次元数（in_units），出力次元数（h_units），ドロップアウト率（dout）を持ちます。双方向ですので，n_layers=1 の場合は，順方向で 1 層，逆方向で 1 層となっていることに注意してください。出力次元数は，順方向と逆方向でそれぞれ h_units 分だけありますので，双方向 LSTM では，実際の出力次元数は h_units×2 となることにも注意してください（実際には 2 次元になっています）。双方向 LSTM の出力は，全結合層を通って，最終的にクラス分類されます。

25～33 行目の call 関数によってニューラルネットワークの順方向伝搬処理を実施します。call 関数の引数は xs で，xs が入力データ（ミニバッチ化されている）です。21 行目で，入力データが双方向 LSTM に入力され，出力を h で受けます。双方向 LSTM なので，この時点では h は 2 次元になっているため，これを 1 次元データに変換します。これを全結合層に入力し，ニューラルネットワークの順方向伝搬処理の出力を得ます。

▶リスト 10.4◀　ジェスチャーを分類（Python 用）：gesture_test.py

```
# -*- coding: utf-8 -*-
"""
ジェスチャー認識モデル学習スクリプト
"""
import numpy as np
import chainer
import chainer.functions as F
```

```
import chainer.links as L
import chainer.initializers as I
from chainer import training
from chainer.training import extensions
import os
import six
import serial

# モデルの定義
class RNN(chainer.Chain):
    def __init__(self, n_layers, in_units, h_units, n_out, dout): # LSTMのレイヤー数, 入力次元数, 隠れ層の次元数, 分類クラス数, LSTMのdropout率
        super(RNN, self).__init__()
        with self.init_scope():
            self.l1 = L.NStepBiLSTM(n_layers, in_units, h_units, dout) # 双方向LSTM を使用
            self.l2 = L.Linear(h_units * 2, h_units, initialW=I.HeNormal(scale=1.0))
            self.l3 = L.Linear(h_units, n_out, initialW=I.HeNormal(scale=1.0))
    # フォワード処理&損失計算
    def __call__(self, xs):
        h, _, _= self.l1(None, None, xs)
        h = F.concat(h, axis=1)
        h = self.l2(h)
        h = F.relu(h)
        output = self.l3(h)
        pp = F.softmax(output) # 事後確率の計算
        y = F.argmax(pp, axis=1)
        return y

# モデルの定義
model = RNN(1, 3, 128, 4, 0.5)
chainer.serializers.load_npz('result/RNN.model', model)

with serial.Serial('COM6', 115200) as ser:
    while True:
        temp = []
        gn = ser.readline()
        gn = gn.strip()
        with open('temp.txt', 'w') as f:
            for i in range(50):
                t = ser.readline()
                line = t.rstrip().decode('utf-8')
                f.write(line+'¥n')
                t = t.rstrip().decode('utf-8').split(',')
                temp.append(t)

        temp = np.array(temp, dtype=np.float32)
        ave = np.mean(temp)
        var = np.std(temp)
        temp = (temp - ave) / var # 正規化(正規化は不要かもしれません)
        data = [temp]
        y = model(data)
        print(y)
```

10.4　リカレントニューラルネットワーク

リカレントニューラルネットワークとは過去の情報をうまく使うことで時系列データをうまく扱うことができる方法です。たとえば，自動作文や予測などができます。ここでは，自動作文と天気予報，ジェスチャー分類を例にとりながら特徴を説明します。

10.4.1　リカレントニューラルネットワークの基本構造

リカレントニューラルネットワークの構造は多くのWEBや書籍で図10.7のように表されています。角丸四角のブロックはデータを表しているのですが，1つのデータを表しているのではなく，図10.8のようにノードがたくさん入っているものとなります。たとえば，この章で説明した3軸加速度ではx，y，zの3つのデータが角丸四角に入ります。

順を追ってリカレントニューラルネットワークが答えを出す仕組みを

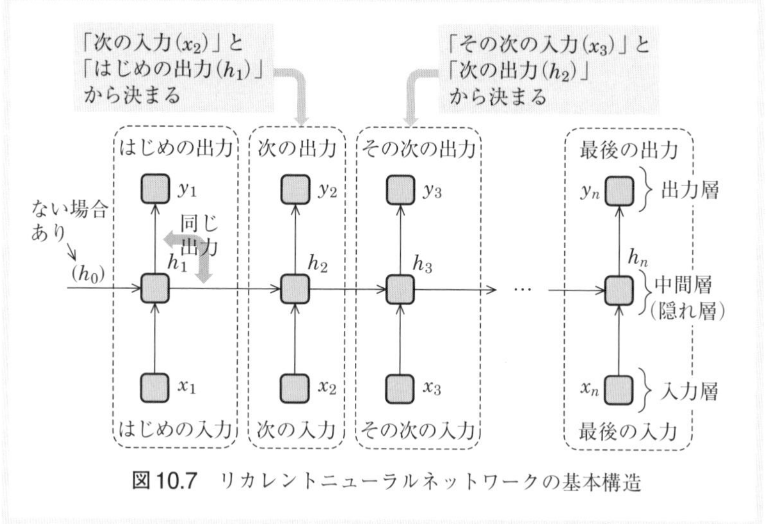

図10.7　リカレントニューラルネットワークの基本構造

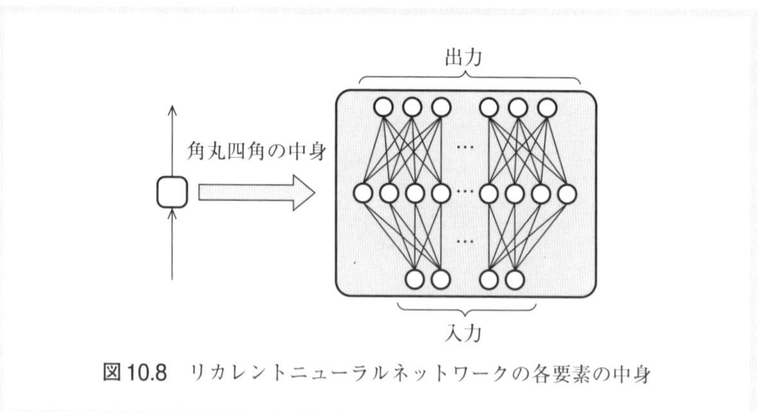

図10.8　リカレントニューラルネットワークの各要素の中身

見ていきます。

まず，x_1 から x_n までのデータの処理を同時に行っているわけではありません。x_1 の処理が終わったら x_2 の処理，x_2 の処理が終わったら x_3 の処理のように，それぞれ点線で囲まれた処理を順に行っていくことになります。

この処理をもう少し具体的に見ていきます。

まず，1つ目のデータを x_1 にセットします。それを角丸四角ブロックで処理します。このブロックには h_0 が入る場合もありますが，今回は0とします。すると h_1 が計算されます。この h_1 を使ってその上にあるブロックで y_1 が計算されます。この y_1 が出力となります。

次に，2つ目のデータを x_2 にセットします。セットされた x_2 と h_1 の2つのデータが角丸四角ブロックに入って処理されます。そして，h_2 が計算され，y_2 が出力されます。

その後は同様に，3つ目のデータが x_3 にセットされて，h_2 と一緒に角丸四角ブロックで処理されます。

このように，1つ前の計算結果と新しい入力をセットにすることで過去の情報を引き継いで新しい出力を作ります。

最後に学習について説明します。リカレントニューラルネットワークの場合, x_1 を入力したときの出力 y_1 は次の入力 x_2 の予測値となります。そのため，出力 y_1 は x_2 を教師データとして学習します。なお，本章で扱ったジェスチャーの分類の場合は毎回学習しません。このことに関してもこの後で説明します。

10.4.2 リカレントニューラルネットワークの応用例

応用例として天気予報と自動作文，ジェスチャーの3つ紹介します。

(1) 天気予報

天気予報をリカレントニューラルネットワークで処理する方法を紹介します。このイメージを図10.9に示します。

天気予報のデータはある年の1月1日からあるものとし，まずは1月1日のデータを入れます。データとしては気温や気圧，風速など天候に関係しそうなさまざまなデータを使うことができます。そうすると，1月2日の予測が出てきます。

1月2日の予測と1月2日のデータを合わせて1月3日の予測をします。1月2日の予測は1月1日のデータが含まれているため，1月3日の予測は1月1日と2日のデータを使って予測したことになります。

同様に，1月4日の予測は1月3日の予測と1月3日のデータから行います。つまり，1月1日～3日までのデータを使っていることになり

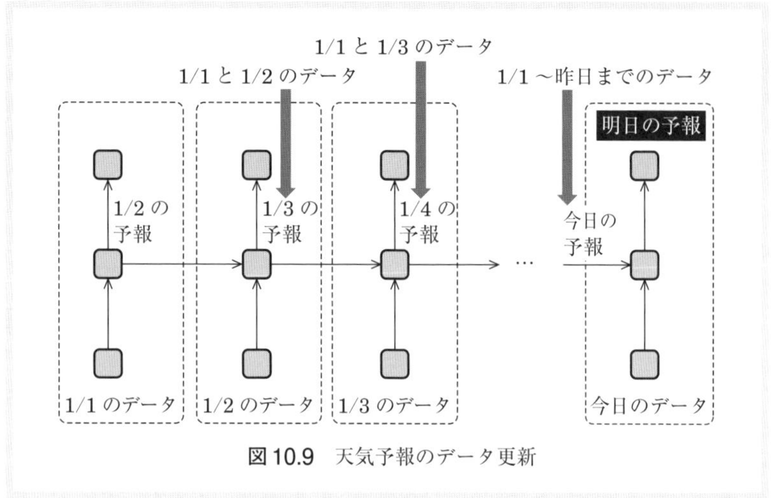

図 10.9　天気予報のデータ更新

ます。

これを繰り返すと，明日の予測は 1 月 1 日～今日までのデータを使って行うことになります。

これにより，過去のデータを使いながら未来のデータを予測することができるようになります。

(2) 自動作文

自動作文をリカレントニューラルネットワークで処理する方法を紹介します。このイメージを図 10.10 に示します。

ここでは，夏目漱石の『吾輩は猫である』の本を学習したものとしましょう。入力として，「吾輩」を入れると，「は」が出力されます。自動作文では，「は」だけを入力として加えます。この「は」は単なる「は」ではなく，「吾輩」の後ろの「は」となっています。そうすると，「猫」が出てきます。同様に，「猫」だけを入力として加えます。というように 1 つ入れると芋づる式にどんどん言葉がつながるのが自動作文です。

これは先ほどの天気予報とは違い入力データが前の単語だけです。

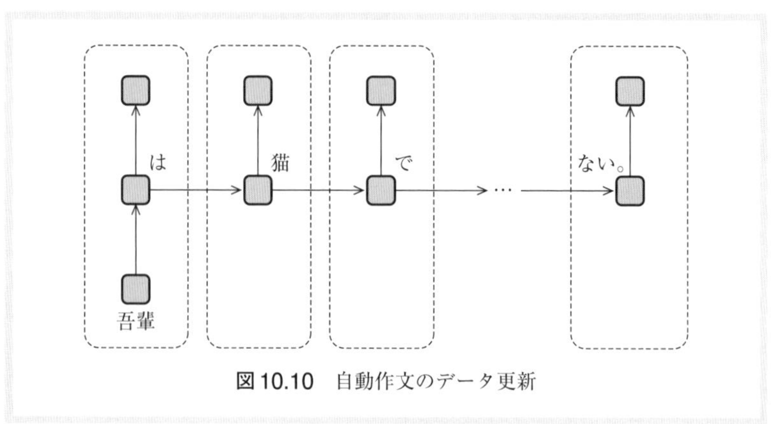

図 10.10　自動作文のデータ更新

(3) ジェスチャー分類

ジェスチャー分類をリカレントニューラルネットワークで処理する方法を紹介します。このイメージを図 10.11 に示します。

ジェスチャーの分類では各時刻でのジェスチャーデータを入力とします。自動作文や天気予報と異なる点としては，各時刻で出力を計算しない点です。つまり，毎回学習するのではなく，一定のデータ数に達した後，一度だけ教師データを用いて学習することとなります。

この考え方をさらに進めたものが本章で使った双方向のリカレントニューラルネットワークです。このイメージを図 10.12 に示します。

先ほどと異なるのは，未来の時刻の入力から過去の時刻にさかのぼっ

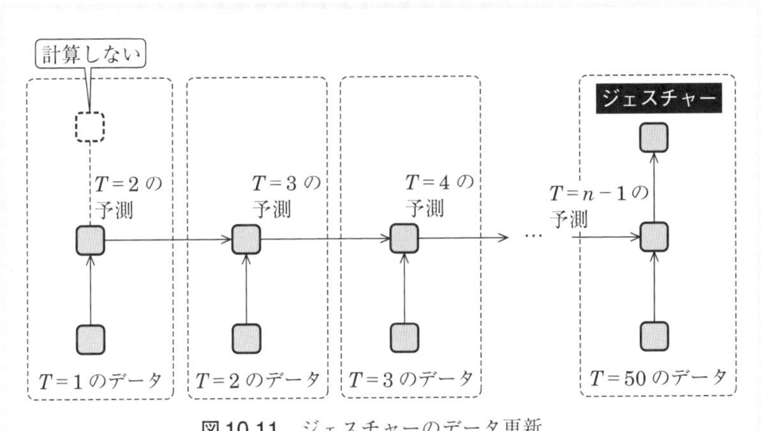

図 10.11　ジェスチャーのデータ更新

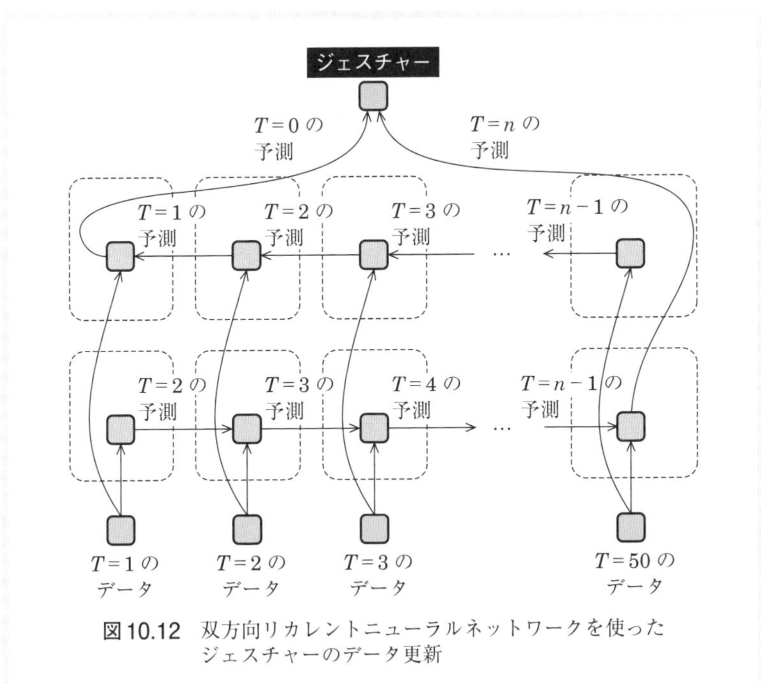

図 10.12　双方向リカレントニューラルネットワークを使ったジェスチャーのデータ更新

て履歴を保持していく部分の層がある点です。下側の $T=1$ から $T=2$, $T=n$ へと処理していく方向を順方向，$T=n$ から $T=1$ に向かって処理していく方向を逆方向と呼びます。順方向から最終的に $T=n$ までの入力の履歴情報が出力され，逆方向からは $T=1$ までの履歴情報が出力されます。この 2 種類の履歴情報を用いてジェスチャーを分類します。

10.4.3 ニューラルネットワークとの対応

リカレントニューラルネットワークを知ってもらうための概要を説明しました。ここでは具体的なアルゴリズムを示します。

まず，図 10.7 に示したリカレントニューラルネットワークを図 10.13 のように書き直します。これは図 10.7 を横向きにして，x を入力として計算された h を次の入力に使うことを示しています。

リカレントニューラルネットワークの角丸四角の部分は図 10.8 に示すようなノードが並んでいるものでした。そこで，図 10.13 の角丸四角に図 10.8 に示すノードを当てはめると図 10.14 となります。

また，この図に s_1，s_2 の求め方と y_1，y_2 の求め方も載せました。

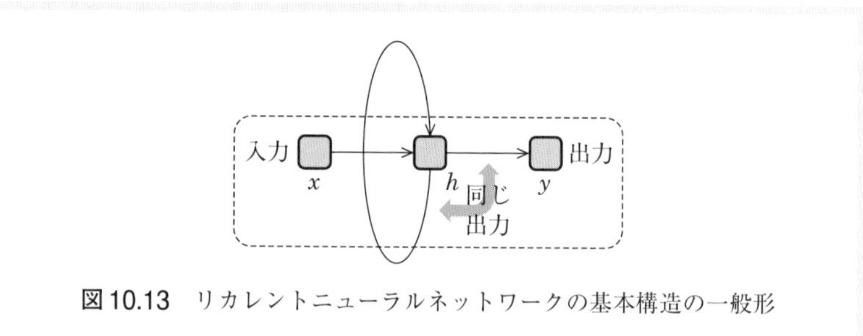

図 10.13　リカレントニューラルネットワークの基本構造の一般形

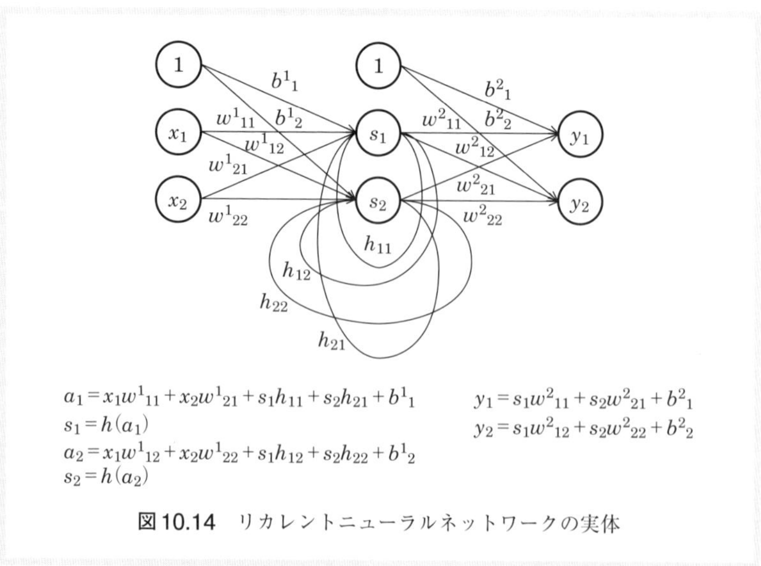

$a_1 = x_1 w^1{}_{11} + x_2 w^1{}_{21} + s_1 h_{11} + s_2 h_{21} + b^1{}_1$
$s_1 = h(a_1)$
$a_2 = x_1 w^1{}_{12} + x_2 w^1{}_{22} + s_1 h_{12} + s_2 h_{22} + b^1{}_2$
$s_2 = h(a_2)$

$y_1 = s_1 w^2{}_{11} + s_2 w^2{}_{21} + b^2{}_1$
$y_2 = s_1 w^2{}_{12} + s_2 w^2{}_{22} + b^2{}_2$

図 10.14　リカレントニューラルネットワークの実体

この図だと線が多くてわかりにくくなりますので，この図を2つの部分に分けて示します。

まず，図10.15の部分について説明をします。これは，直線で構成されている通常のニューラルネットワークと同じです。つまり，リカレントニューラルネットワークは通常のニューラルネットワークに少し構造をプラスしたものであることがわかります。

次に，図10.16の部分について説明をします。この曲線の部分がリカレントニューラルネットワークの核心的な部分ですので，丁寧に見ていきましょう。

まず，s_1から出ている曲線は2本あります。1本はs_1に戻っていて，もう一本はs_2に戻っています。この曲線は通常のニューラルネット

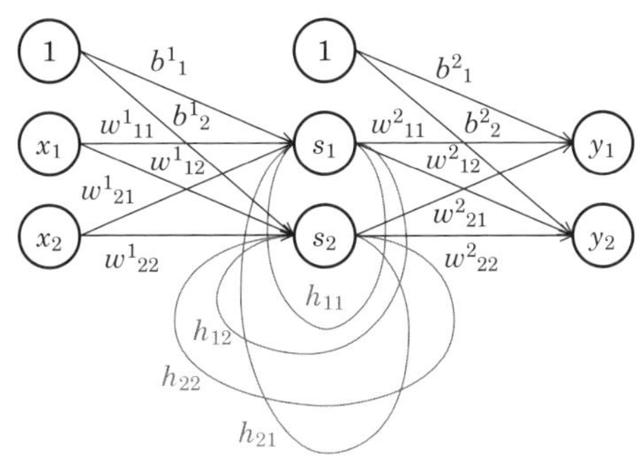

$$a_1 = x_1 w^1{}_{11} + x_2 w^1{}_{21} + s_1 h_{11} + s_2 h_{21} + b^1{}_1$$
$$s_1 = h(a_1)$$
$$a_2 = x_1 w^1{}_{12} + x_2 w^1{}_{22} + s_1 h_{12} + s_2 h_{22} + b^1{}_2$$
$$s_2 = h(a_2)$$
$$y_1 = s_1 w^2{}_{11} + s_2 w^2{}_{21} + b^2{}_1$$
$$y_2 = s_1 w^2{}_{12} + s_2 w^2{}_{22} + b^2{}_2$$

図10.15 リカレントニューラルネットワークのニューラルネットワークの部分

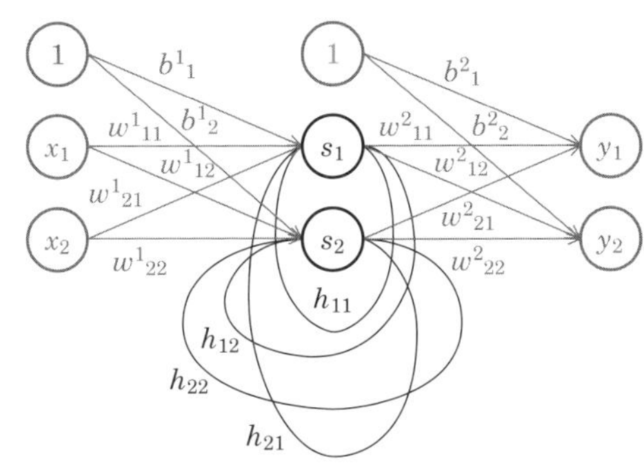

$$a_1 = x_1 w^1{}_{11} + x_2 w^1{}_{21} + s_1 h_{11} + s_2 h_{21} + b^1{}_1$$
$$s_1 = h(a_1)$$
$$a_2 = x_1 w^1{}_{12} + x_2 w^1{}_{22} + s_1 h_{12} + s_2 h_{22} + b^1{}_2$$
$$s_2 = h(a_2)$$
$$y_1 = s_1 w^2{}_{11} + s_2 w^2{}_{21} + b^2{}_1$$
$$y_2 = s_1 w^2{}_{12} + s_2 w^2{}_{22} + b^2{}_2$$

図10.16 リカレントニューラルネットワークの再帰的な部分

ワークの接続する線と同じ役割を果たしますので，それぞれに重みが設定されています。ここでは，s_1 から出て s_1 に戻る線の重みを h_{11}，s_1 から出て s_2 に戻る重みを h_{12} としています。s_2 から出ている曲線も同様の役割をします。

10.4.4 リカレントニューラルネットワークの進化版 −LSTM−

ここまでは，リカレントニューラルネットワークの初期型を示しました。この方法だけだと，過去の情報がどんどん薄まってしまいます。それはそれでよいことですが，次の例の場合，リカレントニューラルネットワークではうまく答えることができなくなります。

「修学旅行で京都に行ったときに印象に残ったのは，そこに住む人たちの温かさと，歴史ある街並みで，中でも○○のすばらしさに圧倒されました」

これを読むと，○○に入るのは「金閣寺」だったり「清水寺」だったりと推測できます。しかし，京都という単語が離れすぎているため，上記で説明したままのリカレントニューラルネットワークでは○○をうまく答えることができなくなります。

そこで，以下の 2 つを実現できる仕組みが必要となります。

- 重要そうな単語はいつまでも覚えていること
- 重要でない単語はすぐに忘れること

これを実装したものを LSTM（Long Short-Term Memory）と呼びます。そして，Chainer ではこの 2 つの仕組みをブラックボックスの処理に入れ込んで使いやすくなっています。

図 10.7 のように時系列に並んでいた方が，前の情報を使って次の出力を決める処理をしていることが直観的に理解しやすくなります。しかし図 10.17 のように 1 つのブロックで表す方が一般的となっており，さ

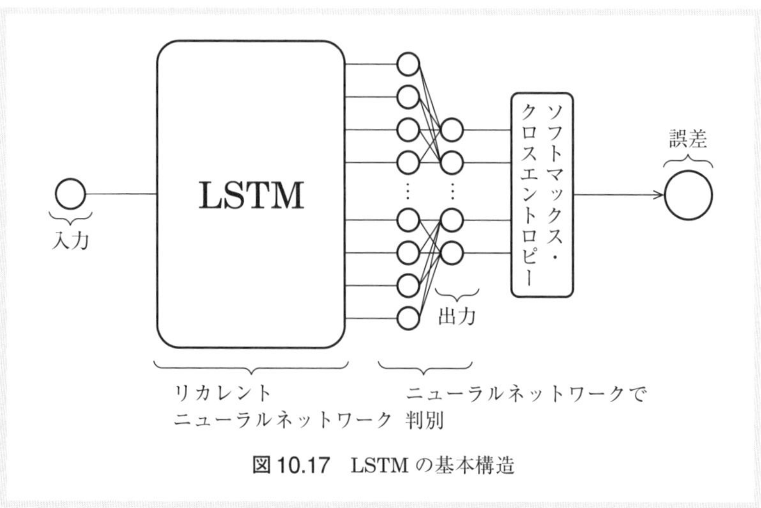

図 10.17 LSTM の基本構造

らに，この図のようにh_1やh_2もそのブロックの中に隠した書き方の方が一般的になりつつあります。

そして，LSTMブロックの出力に全結線ニューラルネットワークを付けて分類問題に使用することが多くあります。そこで，この図では全結線ニューラルネットワークと教師データとの誤差の計算をするソフトマックス・クロスエントロピーを付けて表すこととしています。

このLSTMというのはとても難しい処理です。Chainerではこの中身を完全にブラックボックスとしてありますので，あまり気にせずにLSTMを用いたリカレントニューラルネットワークを作ることができます。

ここでは，LSTMはブラックボックスになっていますが，その正体を簡単に紹介しておきたいと思います。

内部構造は図10.18のようになっています。

次の状態に渡すデータはこれまでの説明では1種類（h_tの部分）だけでしたが，LSTMではもう1種類（C_tの部分）あります。C_tの部分はメモリセルと呼ばれ，「重要なことだから覚えておこう」というものを保存しておくところになっています。

LSTMの内部構造を3つの役割に分けて簡単に説明を行います。左の部分は「忘却ゲート」と呼ばれメモリセルの中身を忘れさせようとする部分です。真ん中には，「入力ゲート」というものがあり，覚えておくものを選択する部分があります。右の部分にはメモリセルの状態から現在の状態を更新する「出力ゲート」という部分があります。なお，σはシグモイドニューラルネットワークと呼ばれる層で，tanhはハイパボリックタンジェントニューラルネットワークと呼ばれる層です。

これ以上の説明は非常に難しくなってしまいますので，LSTMの大まかな役割を説明するだけにとどめます。

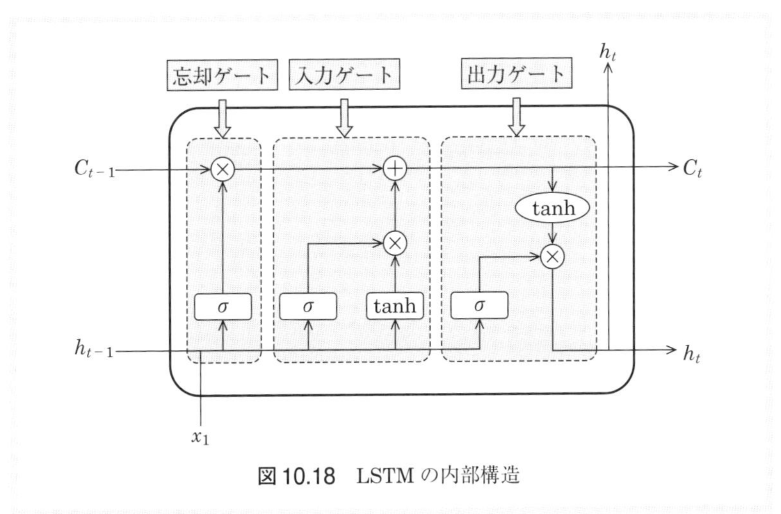

図10.18　LSTMの内部構造

第11章 深層強化学習で手順を学ぶ

3章で説明した，井戸問題を対象として，図11.1に示すように実際の電子工作を動かしながら深層強化学習で学習する方法を説明します。7章～10章までは深層学習を扱ってきましたが，本章では深層強化学習を対象とします。深層強化学習の利点の1つに，すべての入力に対する答えを与える必要がないという点があります。

本章の面白い点は，サーボモータに付けたサーボホーン（棒のようなもの）が桶の上下を表し，LEDが水のあり，なしを表していることを【教えずに】画像そのものを学習してうまく動く点です。

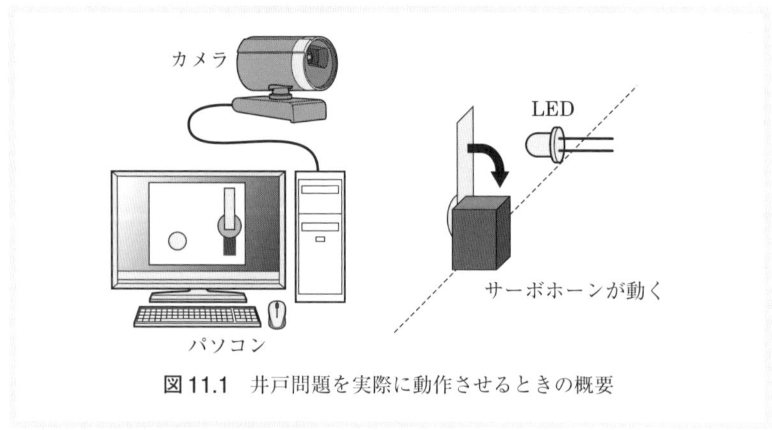

図11.1 井戸問題を実際に動作させるときの概要

本章では以下の手順で説明を行います。

①**問題設定**　電子回路で実現する方法を説明する（11.1節）

②**連携（深層学習＋電子工作）**　カメラを使って状態を取得する方法に変更する（11.2節）

なお，井戸問題をスケッチだけで実現する方法は3章で説明していますので，この章では電子回路で実現する方法に説明の重点を置きます。

11.1 【問題設定】電子回路で実現する方法

問題設定

サーボモータにサーボホーン（棒）を付けて桶の位置を表すこととします。桶に水が入っていることはLEDを消灯で，水がないことは点灯で表します。これらの状態はカメラで計測します。紐を引く動作と桶を傾ける動作はパソコンからArduinoへ指令を与えることで実現します。そして水が得られたこと（報酬）はArduinoからパソコンへ指令を与えることとします。
紐を引いて水をくみ，紐を引いてから桶を傾ける手順を学ぶことはできるでしょうか。

使用する電子部品	
LED	1個
抵抗（1 kΩ）	1本
サーボモータ(SG-90)	1個
ACアダプタ（5 V）	1個
ブレッドボード用DCジャックDIP化キット	1個

対象とする井戸問題と同じになるように，かつ，電子回路で実現しやすいように，簡略化した問題を設定します。これを実現するには図11.2として配置することとします。この設定のように水が入っていないときにLEDが光ると報酬が得られたということになります。こうすることで，報酬を得たことがわかりやすくなります。

パソコンとArduinoを連携させるためには以下の2種類の通信を用意します。

学習時の通信　パソコンとArduinoの間で動作指令を送って状態と報酬を返す通信を行います。この通信で送受信されるデータを図11.3に示します。パソコンからArduinoへ送信するデータは次の2つです。

- 紐を引く動作：「p」（pullの頭文字）という文字を送信
- 桶を傾ける動作：「i」（inclineの頭文字）という文字を送信

一方，Arduinoからパソコンへ送信するデータは次の2つです。

- 報酬がある場合*1：「1」を送信
- 報酬がない場合：「0」を送信

初期状態に戻すための通信　次の学習をはじめるときには初期状態に戻す必要があります。パソコンからArduinoに送信されるデータを図11.4に示します。パソコンから送信するデータは次の1つです。

- 初期状態にする：「c」（clearの頭文字）という文字を送信

なお，Arduinoからパソコンへ送信するデータはありません。

Arduinoが「p」，「i」と「c」を受信した後のそれぞれの動作の説明をします。

*1　桶が上にあって，かつ，水が入っているときに桶を傾ける動作を行った場合。

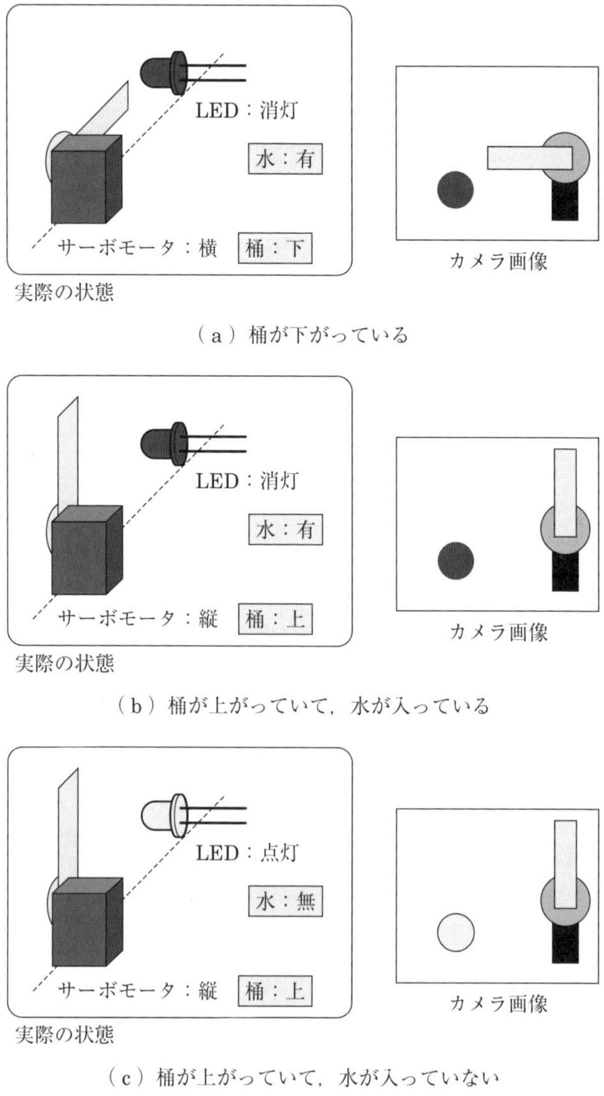

LED：消灯
水：有
サーボモータ：横
桶：下
カメラ画像
実際の状態
（a）桶が下がっている
LED：消灯
水：有
サーボモータ：縦
桶：上
カメラ画像
実際の状態
（b）桶が上がっていて，水が入っている
LED：点灯
水：無
サーボモータ：縦
桶：上
カメラ画像
実際の状態
（c）桶が上がっていて，水が入っていない

図 11.2 桶と水の関係をサーボモータの角度と LED の点灯状態で表したときの対応関係

紐を引く：p
傾ける：i
例：p
報酬あり：1
報酬なし：0
例：1
パソコン
Arduino

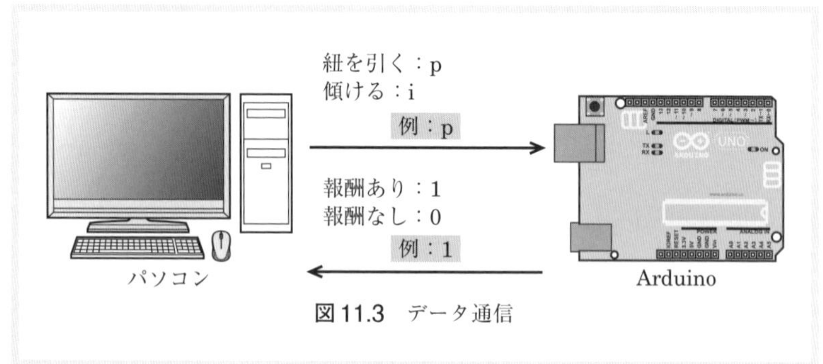

図 11.3 データ通信

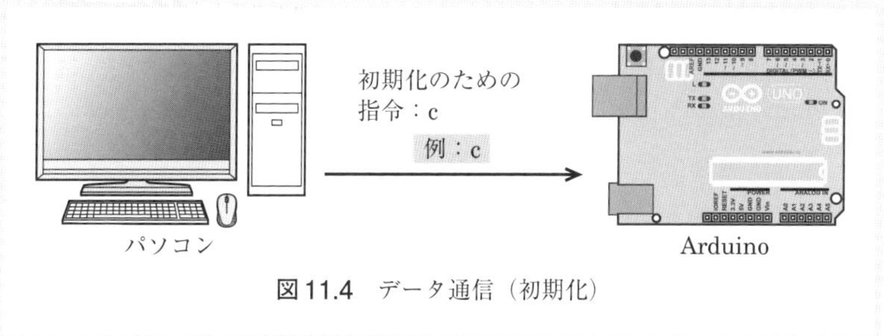

図11.4　データ通信（初期化）

(1) Arduinoが「p」を受信した場合

図11.2 (a) のようにサーボホーンが横を向いていれば，図11.2 (b) となるようにサーボモータを回して縦にします。逆に図11.2 (b) や (c) の状態のときには図11.2 (a) となるようにします。そして，図11.2 (a) になるとLEDを消灯させます*2。「p」は紐を引く動作なので，図3.5にも示したように，報酬は発生しません。そこで，Arduinoからは「0」を送信します。

*2　直前の状態でLEDが消灯していてもしていなくても，桶が下がれば水が入ります。そのため，LEDの状態にかかわらず消灯させる処理をします。

(2) Arduinoが「i」を受信した場合

桶が上にある場合はLEDを点灯させます*3。「i」を受信したときには状態によっては報酬が得られます。図3.5を参照しながら報酬が得られる場合と得られない場合をここで説明します。報酬が得られるのは「桶が上にあり，かつ，水が入っている場合」だけです。このときには，Arduinoからは「1」を送信します。それ以外は「0」を送信します。

*3　サーボモータを回転させて桶を下げたときと同様の理由で，桶が上にあって傾ける動作が行われればLEDを点灯させます。

(3) Arduinoが「c」を受信した場合

次の学習に入る前に，初期状態に戻す必要があります。Arduinoは「c」という文字を受信すると「桶：下，水：有」の状態に戻ります。

11.2 【連携】実際に動作させながら学習

連携させるためには以下の3つを作る必要あります。

- Python スクリプト
- 電子工作
- Arduino スケッチ

それぞれについて説明した後に連携させた結果を示します。

(1) スクリプト（パソコン）

3章のリスト3.1に示したスクリプトをもとに変更します。そのスク

リプトをリスト 11.1 に示します。

電子工作と連携するため以下の変更を行いました。

- カメラ画像を得る
- カメラ画像を状態として学習する
- 通信により Arduino を動かして報酬を得る
- 上記の 3 つを動かすためのいくつかの変更

リスト 3.1 とリスト 11.1 はずいぶん異なるように感じるかもしれません。各部分と対応付けながらスクリプトの説明を行います。

▶リスト 11.1◀　桶の操作の送信，状態と報酬の受信（Python 用）：ido_exp.py

```
# -*- coding: utf-8 -*-

import numpy as np
import chainer
import chainer.functions as F
import chainer.links as L
import chainerrl
import copy
import time
import serial
import cv2

ser = serial.Serial('COM5')
cap = cv2.VideoCapture(0)

class QFunction(chainer.Chain):
    def __init__(self):
        super(QFunction, self).__init__()
        with self.init_scope():
            self.conv1 = L.Convolution2D(1, 8, 5, 1, 0) # 1回目の畳み込み層（フィルタ数は8）
            self.conv2 = L.Convolution2D(8, 16, 5, 1, 0) # 2回目の畳み込み層（フィルタ数は16）
            self.l3 = L.Linear(400, 2) # アクションは2通り
    def __call__(self, x, test=False):
        h1 = F.max_pooling_2d(F.relu(self.conv1(x)), ksize=2, stride=2)
        h2 = F.max_pooling_2d(F.relu(self.conv2(h1)), ksize=2, stride=2)
        y = chainerrl.action_value.DiscreteActionValue(self.l3(h2))
        return y

def random_action():
    return np.random.choice([0, 1])

def step(_state, action):
    reward = 0
    if action==0:
        ser.write(b"p")
    else:
        ser.write(b"i")
# time.sleep(1.0) # 入れると動作が安定する場合あり
    reward = ser.read();
```

```
    return int(reward)

# USBカメラから画像を取得
def capture(ndim=3):
    ret, frame = cap.read()
    gray = cv2.cvtColor(frame, cv2.COLOR_BGR2GRAY)
    xp = int(frame.shape[1]/2)
    yp = int(frame.shape[0]/2)
    d = 200
    cv2.rectangle(gray, (xp-d, yp-d), (xp+d, yp+d), color=0, thickness=10)
    cv2.imshow('gray', gray)
    gray = cv2.resize(gray[yp-d:yp + d, xp-d:xp + d],(32, 32))
    env = np.asarray(gray, dtype=np.float32)
    if ndim == 3:
        return env[np.newaxis, :, :] # 2次元→3次元テンソル（replay用）
    else:
        return env[np.newaxis, np.newaxis, :, :] # 4次元テンソル（判定用）

gamma = 0.8
alpha = 0.5
max_number_of_steps = 15 # 1試行のstep数
num_episodes = 50 # 総試行回数

q_func = QFunction()
optimizer = chainer.optimizers.Adam(eps=1e-2)
optimizer.setup(q_func)
explorer = chainerrl.explorers.LinearDecayEpsilonGreedy(start_epsilon=1.0, end_epsilon=0.0, decay_steps=num_episodes, random_action_func=random_action)
replay_buffer = chainerrl.replay_buffer.PrioritizedReplayBuffer(capacity=10 ** 6)
phi = lambda x: x.astype(np.float32, copy=False)
agent = chainerrl.agents.DoubleDQN(
    q_func, optimizer, replay_buffer, gamma, explorer,
    replay_start_size=50, update_interval=1, target_update_interval=10, phi=phi)
#agent.load('agent')

time.sleep(5.0)
for episode in range(num_episodes): # 試行数分繰り返す
    state = np.array([0])
    R = 0
    reward = 0
    done = True
    ser.write(b"c")

    for t in range(max_number_of_steps): #1試行のループ
        camera_state = capture(ndim=3)
        action = agent.act_and_train(camera_state, reward)
        reward = step(state, action)
        print(t, action, reward)
        R += reward # 報酬を追加
    agent.stop_episode_and_train(capture(ndim=3), reward, done)

```

```
90         print('episode : %d total reward %d' %(episode+1, R))
91     ser.close()
92     cap.release()
93 
94     agent.save('agent')
```

(a) カメラ画像を得る

3章はシミュレーションでしたのでカメラ画像を得ることは行っていませんでした。カメラ画像を得る方法はリスト3.1からの変更でなく，リスト11.1に新たに追加した部分となります。

このカメラ画像を得る部分は，リスト11.1のcapture関数（42～56行目）です。このスクリプトは9章のリスト9.4に示した手の画像を得て分類する方法とほぼ同じです。大きく異なる点はカメラ画像を表示しない点です*4。

*4 このスクリプトではサーボモータを動作させてその動作が完了するのを待つ関係上，0.5秒ごとに処理を行っています。0.5秒間隔でカメラ画像を表示しようとしても，ほかの処理との競合により表示されないことが確認されたためです。

(b) カメラ画像を状態として学習する

3章では状態は0，1の2ビットでしたのでディープニューラルネットワーク（DNN）を用いていました。この章では状態はカメラ画像としますので，畳み込みニューラルネットワーク（CNN）を用いることとします。

畳み込みニューラルネットワークはQFunction関数（16～27行目）に書かれています。ここでは，2回の畳み込み処理が設定されています（20と21行目）。どちらの処理も，フィルタサイズ5，ストライドサイズ1，パディングサイズ0としています。そして，1回目の畳み込みではフィルタ数を8，2回目の畳み込みではフィルタ数を16としています。

22行目では出力ノードとLinear関数を用いて線形結合を行っています。22行目の関数の1つ目の引数は畳み込みとプーリングを行った後のノード数で以下に示す式に従って求めます。そして2つ目の引数は選択される動作の数を表しています。井戸問題は「紐を引く動作」と「桶を傾ける動作」の2つなので2を設定しています。

また，プーリングは2回ともプーリングフィルタサイズ2とし，最大値プーリングとしています（24と25行目）。そして，26行目では深層強化学習用の処理を行っています。

以上の2回の畳み込み処理と2回のプーリング処理を入力画像（32×32ピクセル）に対して行ったときの各画像のピクセル数は以下のように求められます*5。

*5 9.6節を参考にしてください。

$$((32+2\times 0-5)/1+1)\times 1/2=14 \qquad (11.1)$$

$$((14+2\times 1-5)/1+1)\times 1/2=5 \qquad (11.2)$$

最後のフィルタ数が 16 であることから (11.3) 式として計算できます。

$$5 \times 5 \times 16 = 400 \tag{11.3}$$

以上より，22 行目の 1 つ目の引数が 400 となります。

(c) 通信により Arduino を動かして報酬を得る

3 章ではシミュレーションでしたので，スクリプト中で状態の遷移と報酬の設定をしていました。本章では Arduino に動作のための文字（「p」か「i」のどちらか）を送り，Arduino から送られる報酬を受け取るように変更します。

変更した部分は step 関数（32～40 行目）です。

まず，0 番の行動が選択された場合は紐を引くために，Arduino に「p」を送り，1 番の行動が選択された場合は桶を傾けるために「i」を送ります（34～37 行目）。その後，Arduino から送られた報酬を受信します（39 行目）。通信で得られるのは文字ですので，数字に直して戻り値とします（40 行目）。

(d) 上記の 3 つ以外の変更

大きな変更部分は上記に 3 つ書きましたが，それ以外にいくつか変更をしています。

通信の設定　シリアル通信のために以下の設定をしています。

- 10 行目：シリアル通信用ライブラリの読み込み
- 13 行目：シリアル通信の初期化処理
- 91 行目：シリアル通信の終了処理

カメラの設定　カメラを使うために以下の設定をしています。

- 11 行目：OpenCV ライブラリの読み込み
- 14 行目：カメラの初期化処理
- 92 行目：カメラの終了処理

カメラ画像の取得　83 行目でカメラ画像を取得し，それを状態として用いています。

状態の初期化　深層強化学習は決まった数の行動を行うと，状態を初期状態に戻してから再度学習をはじめます。そこで，初期化のために「c」を Arduino に送信しています（80 行目）。

(2) 電子回路

図 11.1 を実現するための電子回路の配線図を図 11.5 に示します。LED はデジタル 10 番ピンにつなぎます。サーボモータの信号線はデジタル 9 番ピンにつなぎます。また，本節の学習には時間がかかりますので電池ではなく AC アダプタを使うことをお勧めします。

(3) スケッチ（Arduino）

Arduino はパソコンから送られたデータによってサーボモータを回したり，LED を点灯させたりします。そして，報酬を返信します。これを実現する Arduino スケッチをリスト 11.2 に示します。

▶リスト 11.2◀　井戸問題（Arduino 用）：ido_move.ino

```
#include <Servo.h>

Servo mServo;

int state[2];

void setup() {
  mServo.attach(9);
  mServo.write(10);
  delay(500);
  Serial.begin(9600);
  pinMode(10, OUTPUT);
  state[0] = 0;
  state[1] = 1;
  digitalWrite(10, LOW);
}

void loop() {
  if (Serial.available() > 0) {
    char c = Serial.read();
    if (c == 'p') {
      if (state[0] == 0) {
        Serial.print("0");
        mServo.write(90);
        delay(500);
        state[0] = 1;
      }
      else {
        Serial.print("0");
        mServo.write(10);
        delay(500);
        state[0] = 0;
        state[1] = 1;
        digitalWrite(10, LOW);
      }
    }
    else if (c == 'i') {
      if (state[0] == 1 && state[1] == 1) {
        Serial.print("1");
        digitalWrite(10, HIGH);
        state[1] = 0;
      }
      else {
        Serial.print("0");
      }
    }
```

```
47      else if (c == 'c') {
48        state[0] = 0;
49        state[1] = 1;
50        digitalWrite(10, LOW);
51        mServo.write(10);
52        delay(500);
53      }
54    }
55  }
```

5行目では状態を保存する配列を設定しています*6。state[0] は桶の位置を表し，0の場合は下，1の場合は上にあるものとします。state[1] は桶に水があるかどうかを表し，0の場合は水が入っていない，1の場合は入っているとします。これは3章と同じです。

*6 2つの変数を使用しないのはリスト3.1の設定に似せるためなので，たとえば oke 変数と mizu 変数のように2つの変数を使っても構いません。

setup 関数でサーボモータの設定（デジタル9ピン），LED の点灯／消灯の設定（デジタル10ピン）の設定をします。そして，初期状態として，桶の位置を下（state[0]=0）で水が入っている（state[1]=1）としています。そして，この状態となるようにサーボモータの角度を10度に設定し（9行目），LED を消灯させています（15行目）。

loop 関数の説明をします。受信した文字があるか調べて（19行目），あれば一文字読み込みます（20行目）。

(a)「p」を受信した場合（21～36行目）

これは桶の上下操作をするコマンドです。サーボモータを回転させて図11.2のようにサーボホーン（サーボモータの回転部に付いている棒）の角度を変えることで，桶が下にあるのか上にあるのかを示します。

桶の位置が上にあるかどうかは state[0] 変数を調べることで行っています。桶が下にある場合は（22行目の if 文），サーボモータを90度に回転させ（24行目），桶が上にあることを表すために state[0] を1にしています（26行目）。なお，サーボモータを回す指令を与えてもすぐには回転が終了しないため，500ミリ秒（0.5秒）待っています（25行目）。このようにサーボモータの回転後に待つ処理はすべてに入れてあります。桶の上下操作では報酬は得られませんので「0」を送信します（23行目）。

逆に，桶が上にある場合は（28行目の else 文），サーボモータを10度に回転させ（30行目），桶が下にあることを表すために state[0] を0にしています（32行目）。さらに，桶に水が入るため state[1] を1にしています（33行目）。そして，LED を消灯します（34行目）。この場合も，桶の上下操作では報酬は得られませんので「0」を送信します（30行目）。

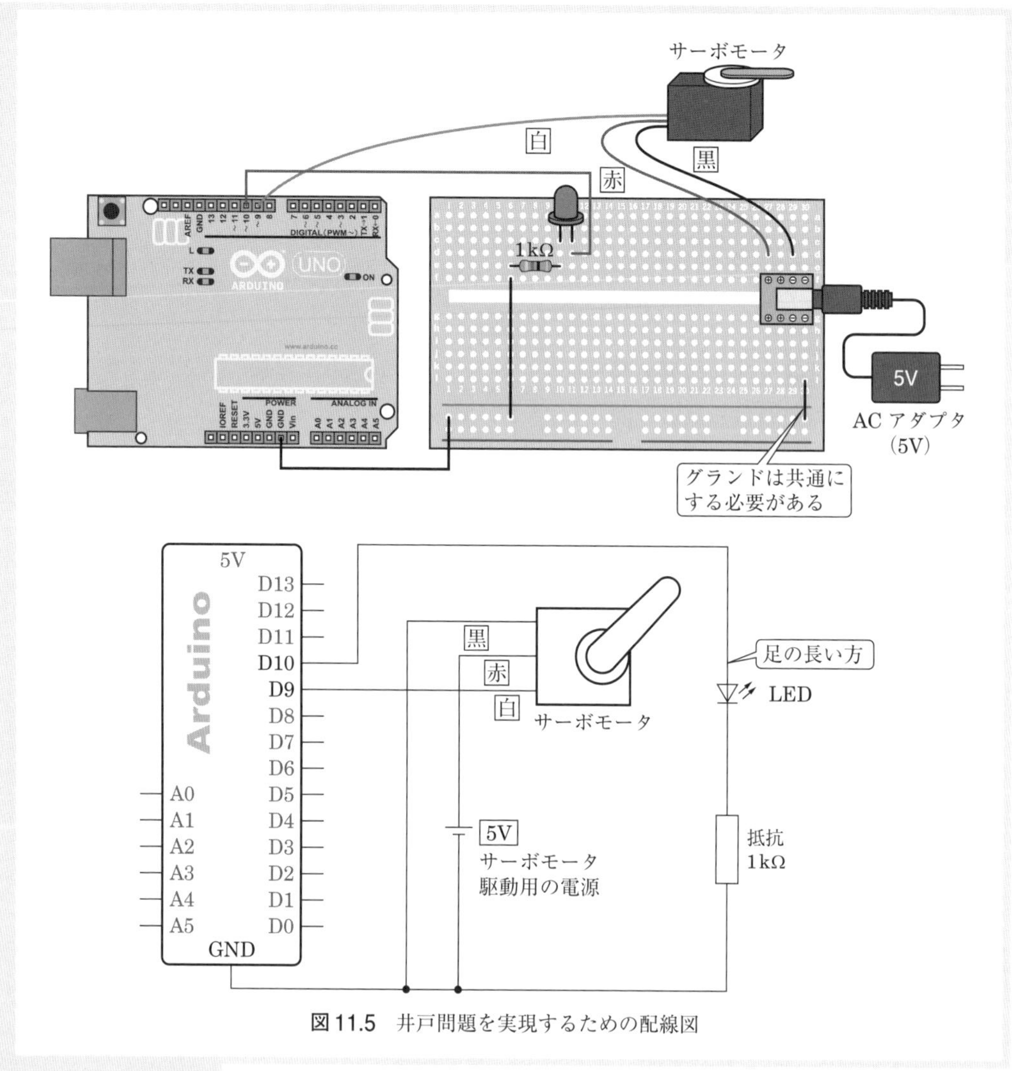

図 11.5　井戸問題を実現するための配線図

(b)「i」を受信した場合（37～46 行目）

これは桶を傾ける操作をするコマンドです。まずは桶が上にあり，かつ桶に水がある場合を考えます（38 行目の `if` 文）。

この場合は報酬が得られるので「1」を送信します（39 行目）。そして，水が桶からなくなるので `state[1]` を `0` とし（41 行目），LED を点灯させます（40 行目）。

桶が上にあるけれども水が入っていない場合は報酬が得られません。この場合（43 行目の `else` 文），「0」を送信します（44 行目）。

(c)「c」を受信した場合（47～53 行目）

これは初期状態に戻すコマンドです。`state` 配列を変更し，桶の状態を下にして（49 行目），水が入っている状態にします（48 行目）。この状態となるようにサーボモータを回転させ（51 行目），LED を消灯させています（50 行目）。

(4) 学習

それでは学習させます。学習には約 1 時間かかりました。時間のかかる原因は主にサーボモータの回転の待ち時間です。

カメラと LED，サーボモータの関係はおおむね図 11.6 のようにしてください。

図 11.6　井戸問題のカメラとサーボモータの配置

サーボモータと LED の位置調整をするために 8 章で実行した camera.py を実行してください。

実行すると図 11.7 のようなカメラ画像が表示されます。サーボモータと LED が四角い枠内に入るように調整してください。学習中にカメラやサーボモータ，LED がずれないようにテープなどで机に固定することをお勧めします。この図は説明のために背景が映らないように紙にパンチで穴を開けてその穴から LED を出しています。

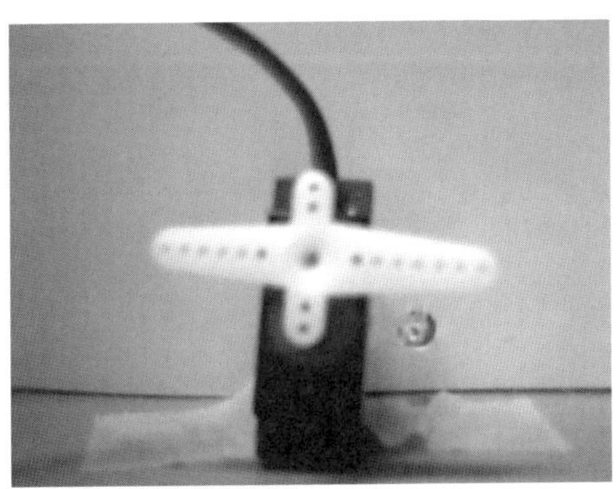

図 11.7　井戸配置カメラ画像（背景すっきり）

なお，図 11.8 のように背景がごちゃごちゃでも学習できます。

連携させて実行した結果を以下に示します。このプログラムでは 1 エピソードで 15 回の行動をすることとしています。井戸問題は最短 3 回の行動で報酬を得ることができますので，1 エピソードで報酬が 5 となった場合が最も良い結果となります。そして，500 エピソードまで行うようにしています。

1 回目は学習前ですので，ランダムな行動を行っています。そのため報酬が 2 となっています。

500 エピソード後には報酬が 5 となっています。学習が完璧に進んだこととなります。

図 11.8　井戸配置カメラ画像（背景ごちゃごちゃ）

```
> python ido_exp.py
0 0 0  <- 紐を引く（桶が上がる）
1 0 0  <- 紐を引く（桶が下がる）
2 0 0  <- 紐を引く（桶が上がる）
3 0 0  <- 紐を引く（桶が下がる）
4 1 0  <- 桶を傾ける（何も起きない）
5 0 0  <- 紐を引く（桶が上がる）
6 0 0  <- 紐を引く（桶が下がる）
7 0 0  <- 紐を引く（桶が上がる）
8 1 1  <- 桶を傾ける（報酬が得られる：1）
9 0 0  <- 紐を引く（桶が下がる）
10 0 0  <- 紐を引く（桶が上がる）
11 1 1  <- 桶を傾ける（報酬が得られる：2）
12 0 0  <- 紐を引く（桶が下がる）
13 1 0  <- 紐を引く（桶が上がる）
14 0 0  <- 紐を引く（桶が下がる）
episode :  1 R 2 statistics: [('average_q',
    1.700598060492843), ('average_loss', 0)]
（中略）
0 0 0  <- 紐を引く（桶が上がる）
1 1 1  <- 桶を傾ける（報酬が得られる：1）
2 0 0  <- 紐を引く（桶が下がる）
```

```
3 0 0  <- 紐を引く（桶が上がる）
4 1 1  <- 桶を傾ける（報酬が得られる：2）
5 0 0  <- 紐を引く（桶が下がる）
6 0 0  <- 紐を引く（桶が上がる）
7 1 1  <- 桶を傾ける（報酬が得られる：3）
8 0 0  <- 紐を引く（桶が下がる）
9 0 0  <- 紐を引く（桶が上がる）
10 1 1  <- 桶を傾ける（報酬が得られる：4）
11 0 0  <- 紐を引く（桶が下がる）
12 0 0  <- 紐を引く（桶が上がる）
13 1 1  <- 桶を傾ける（報酬が得られる：5）
14 0 0  <- 紐を引く（桶が下がる）
episode :  500 R 5 statistics: [('average_q',
    1.128022233604863), ('average_loss',
    0.027322165398355483)]
```

(5) 学習済みモデルを使ったテスト

前節で学習したエージェントモデルを用いて，テストすることができます。今回は画像を用いましたので，カメラとサーボモータ，LEDの配置が変わったり，照明の状態が変わったりなど，学習したときと異なる画像が入ると，うまく動作できなくなります。学習時と同じ環境でテストを行うようにしてください。

▶リスト 11.3◀ 変更前（Python 用）：ido_exp.py

```
(前略)
num_episodes = 500 # 総試行回数
(中略)
explorer = chainerrl.explorers.LinearDecayEpsilonGreedy(start_epsilon
    =1.0, end_epsilon=0.0, decay_steps=num_episodes,
    random_action_func=random_action)
(中略)
#agent.load('agent')
(中略)
        action = agent.act_and_train(camera_state, reward)
(中略)
    agent.stop_episode_and_train(camera_state, reward, done)
(中略)
agent.save('agent')
```

学習済みエージェントモデルを使う方法は3.6節と同様です。

ここでは修正部分だけ示します。

- agent.load 関数のコメントアウトを外し有効にする
- agent.save 関数をコメントアウトする
- ランダム要因を取る
- エピソードを1回にする
- act_and_train 関数から act 関数に変更する
- stop_episode_and_train 関数をコメントアウトする

▶リスト 11.4◀ 変更後（Python 用）：ido_test.py

```
(前略)
num_episodes = 1 #総試行回数
(中略)
explorer = chainerrl.explorers.LinearDecayEpsilonGreedy(start_epsilon
    =0.0, end_epsilon=0.0, decay_steps=num_episodes,
    random_action_func=random_action)
(中略)
agent.load('agent')
(中略)
        action = agent.act(camera_state)
(中略)
# agent.stop_episode_and_train(camera_state, reward, done)
(中略)
#agent.save('agent')
```

この変更を行って実行した結果を以下に示します。報酬 5 が得られていることがわかります。

```
>python ido_test.py
0 0 0  <- 紐を引く（桶が上がる）
1 1 1  <- 桶を傾ける（報酬が得られる：1）
2 0 0  <- 紐を引く（桶が下がる）
3 0 0  <- 紐を引く（桶が上がる）
4 1 1  <- 桶を傾ける（報酬が得られる：2）
5 0 0  <- 紐を引く（桶が下がる）
6 0 0  <- 紐を引く（桶が上がる）
7 1 1  <- 桶を傾ける（報酬が得られる：3）
8 0 0  <- 紐を引く（桶が下がる）
9 0 0  <- 紐を引く（桶が上がる）
10 1 1  <- 桶を傾ける（報酬が得られる：4）
11 0 0  <- 紐を引く（桶が下がる）
12 0 0  <- 紐を引く（桶が上がる）
13 1 1  <- 桶を傾ける（報酬が得られる：5）
14 0 0  <- 紐を引く（桶が下がる）
episode :  1 R 5 statistics: [('average_q',
    0.017680761721285743), ('average_loss', 0)]
```

第12章 深層強化学習でボールアンドビーム

深層強化学習でボールアンドビームを制御します。ボールアンドビームとは図12.1に示すような，レールの上にピンポン玉を乗せ，そのレールをうまく傾けて球を中央に停止させておく制御工学でよく使われる問題です。

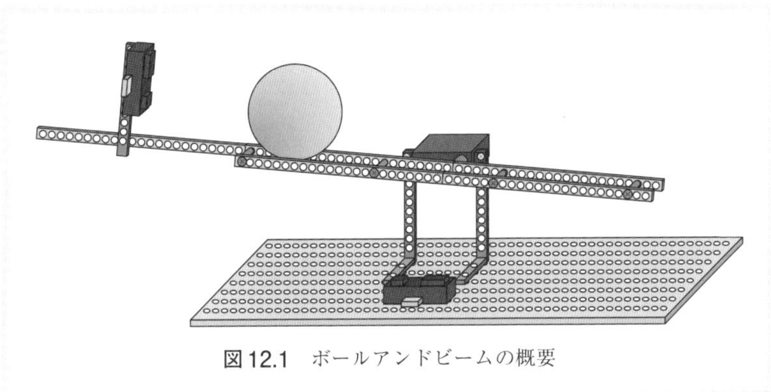

図12.1　ボールアンドビームの概要

本章では以下の手順で説明を行います。

①**準備**　ボールアンドビームの実験機の作り方を説明する（12.1節）

②**操作**　手作業でピンポン玉を中央に静止させる（12.2節）

③**制御**　Arduinoだけで制御する方法を説明する（12.3節）

④**連携（深層学習＋電子工作）**　深層強化学習で制御する（12.4節）

12.5節で，これらの実験をシミュレーションする方法を示します。

12.1 【準備】ボールアンドビーム実験機の作成

ボールアンドビームとは図12.1に示すように，レールの上にピンポン玉を乗せて，そのレールをモータなどで傾けてピンポン玉を中央付近に止めるという問題です。これにはピンポン玉の位置を計測するための距離センサが必要となります。制御工学の考え方を使うと，この距離センサの情報からレールの角度を算出してピンポン玉をぴたりと止めることができます。12.3節では，制御でピンポン玉を止めることを行います。そして12.4節では，いよいよ深層強化学習でピンポン玉を止めます。

使用する電子部品	
測距モジュール（GP2Y0A21YK）	2個
ボリューム	1個
サーボモータ（FEETECH FS5115M）	1個
ACアダプタ（5V）	1個
ブレッドボード用DCジャックDIP化キット	1個

＊　本章で行う工作ではトルクの強いサーボモータが必要となります。

12.1.1　実験機の作成

それでは実際に作成します。筆者が作成したボールアンドビーム実験機の写真を図 12.2 に示します。この実験機の作成手順を説明します。

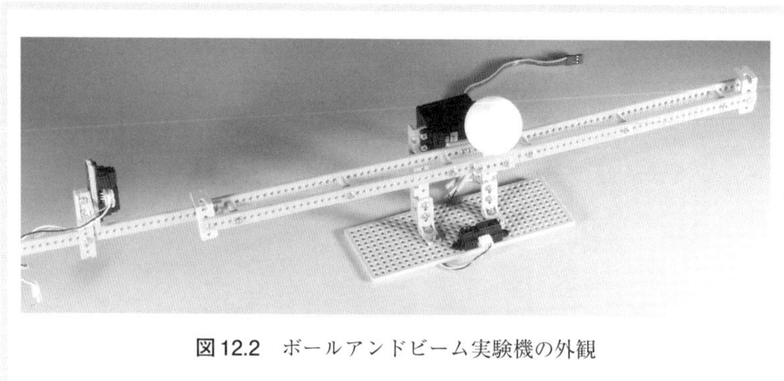

図 12.2　ボールアンドビーム実験機の外観

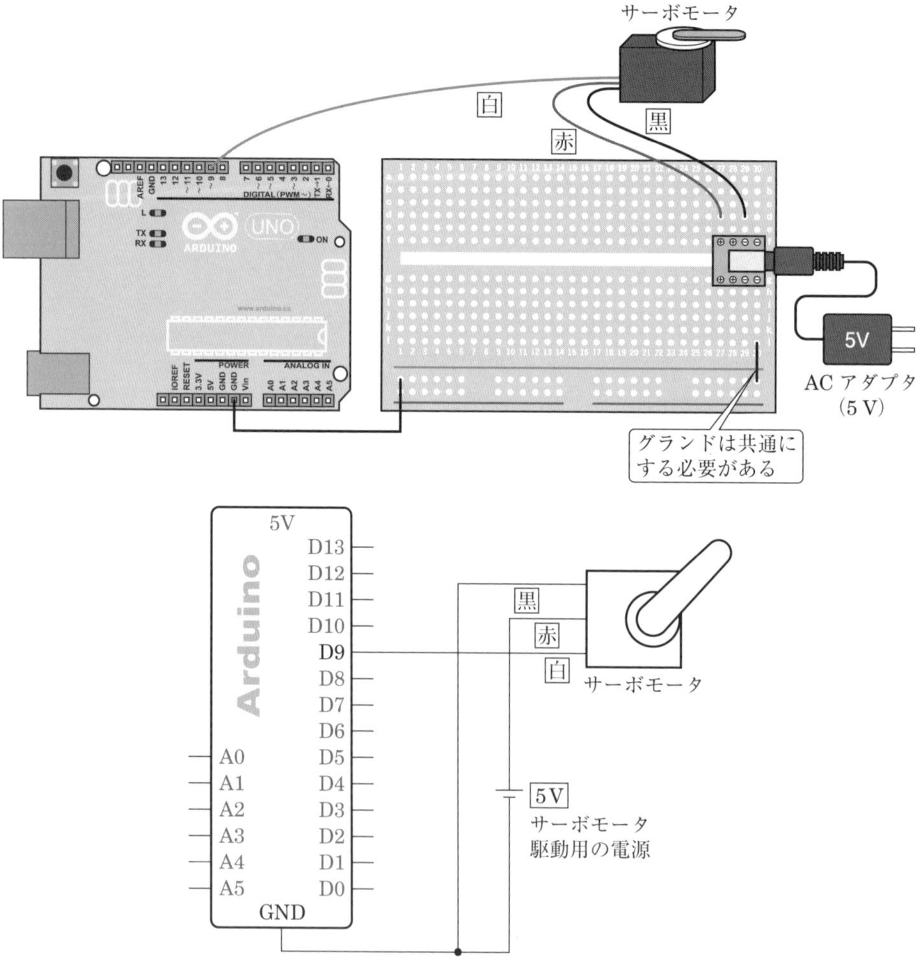

図 12.3　サーボホーン調整のための配線図

なお，作成にあたり次に示すタミヤの「楽しい工作シリーズ（パーツ）」を1つずつ使いました。

- ロングユニバーサルアームセット（Item No：70184）
- ユニバーサルアームセット（Item No：70183）
- ユニバーサルプレート（2枚セット）（Item No：70157）

(1) サーボホーンの取り付け

ボールアンドビームではサーボホーンの取り付け角度がほぼ中央に来るように取り付けます。その取り付ける方法を説明します。

まず，サーボホーンを付けずに図12.3に示す回路を作ります。

その後，リスト12.1を実行します。実行するとサーボモータが回転して，中央付近で停止します。なお，本章では角度を細かく設定するために mServo.writeMicroseconds 関数を使います。

▶リスト 12.1◀ サーボモータの調整（Arduino 用）：Servo_init.ino

```
#include <Servo.h>

Servo mServo;

int center_angle = 1575;

void setup() {
  mServo.attach(9);
  mServo.writeMicroseconds(center_angle);
}

void loop() {
}
```

次に，両側に伸びているサーボホーン（片側や十字ではないことに注意）を図12.4に示すように取り付けます。そして，サーボモータの中央のネジを付けてサーボモータとサーボホーンを固定してください。

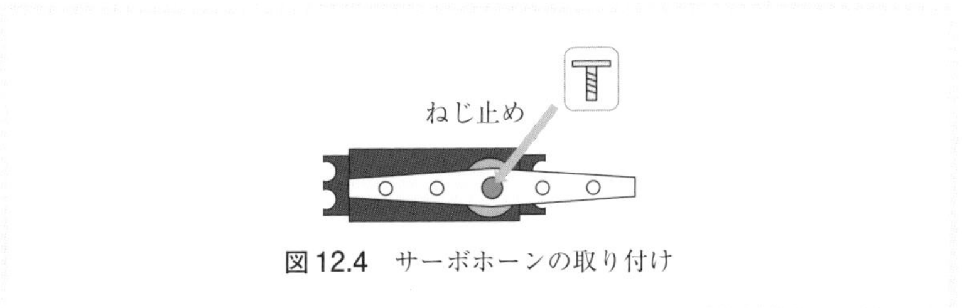

図 12.4　サーボホーンの取り付け

(2) レールの作成

ユニバーサルアームを図12.5のように5本切っておきます。切り方はユニバーサルアームセットに付属の説明書をご覧ください。なお，穴

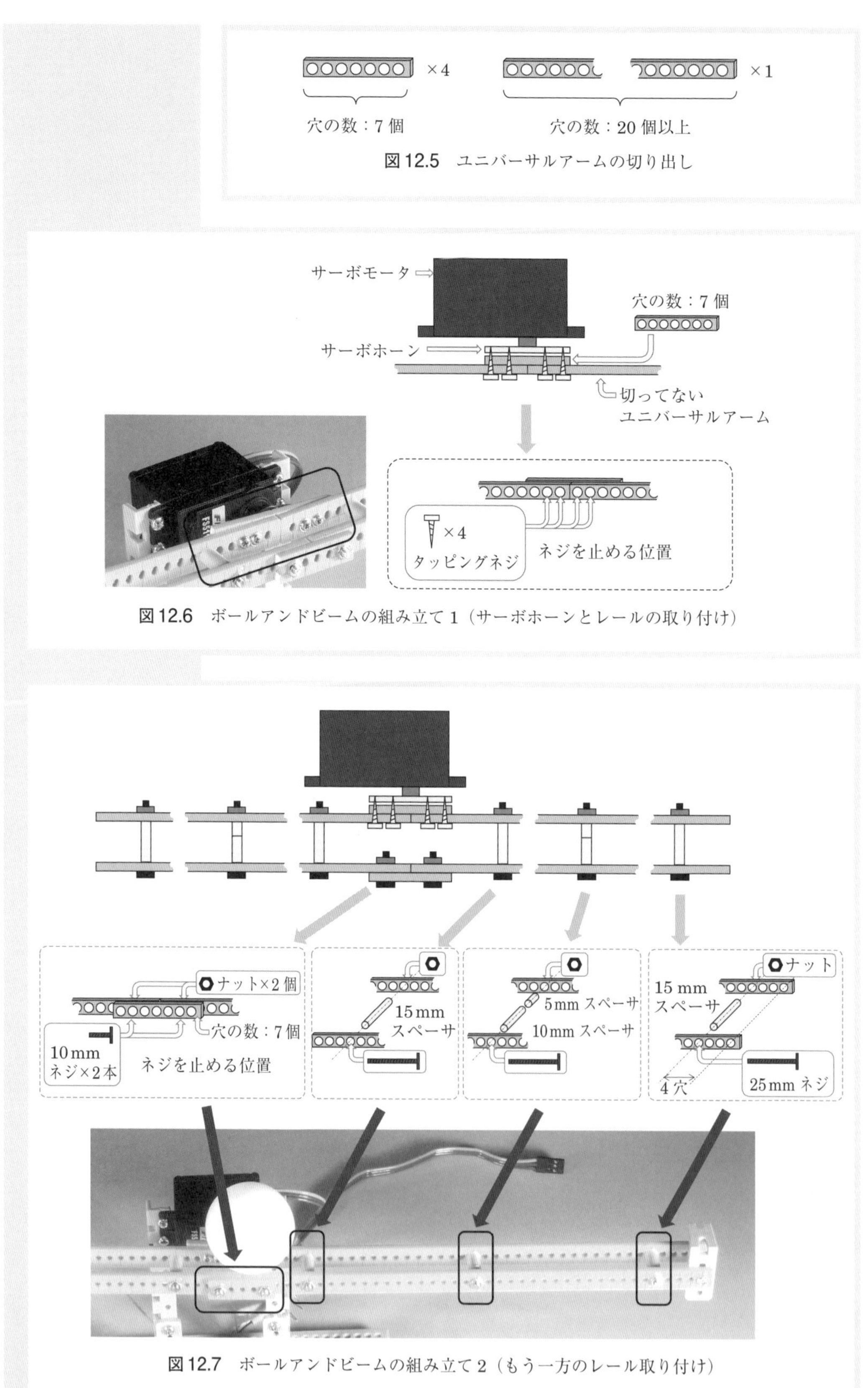

図12.5　ユニバーサルアームの切り出し

図12.6　ボールアンドビームの組み立て1（サーボホーンとレールの取り付け）

図12.7　ボールアンドビームの組み立て2（もう一方のレール取り付け）

の数が多少間違っても組み立てることができます。

切ったユニバーサルアームと切ってないユニバーサルアームを図12.6のように重ねて，サーボモータに付属のネジ（先がとがっているタッピングネジ）で4か所止めます。

同様に，図12.7に示すように，レールの対になる部分を作ります。ロングユニバーサルアームセットの長い棒を2本用意し，ユニバーサルアームセットに付いているスペーサを挟んで，長いネジ（25 mm）を使って6か所つなげます。スペーサは15 mmが4つしかないので，10 mmと5 mmを重ねて使います。さらに，最初に切った7穴の短い棒で補強します。

そして，図12.8のように，レールの両端にピンポン玉が出ていかないようにユニバーサルアームセットに付いているL字の部品を短いネジ（10 mm）で固定します。

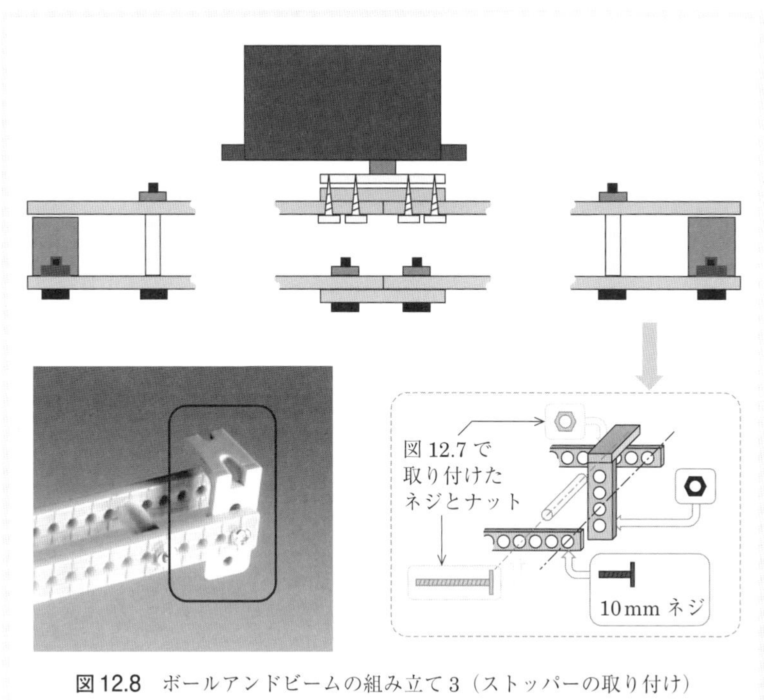

図12.8 ボールアンドビームの組み立て3（ストッパーの取り付け）

(3) 距離センサの取り付け

ピンポン玉の位置を測るためのセンサは図12.9のように最初に切った7穴の短い棒につなげます。そして，強い両面テープでセンサを固定します。センサの位置の微調整が必要なので，ネジによる固定は行いません。

センサの中心がピンポン玉の中心とほぼ一致する位置に取り付けてください。

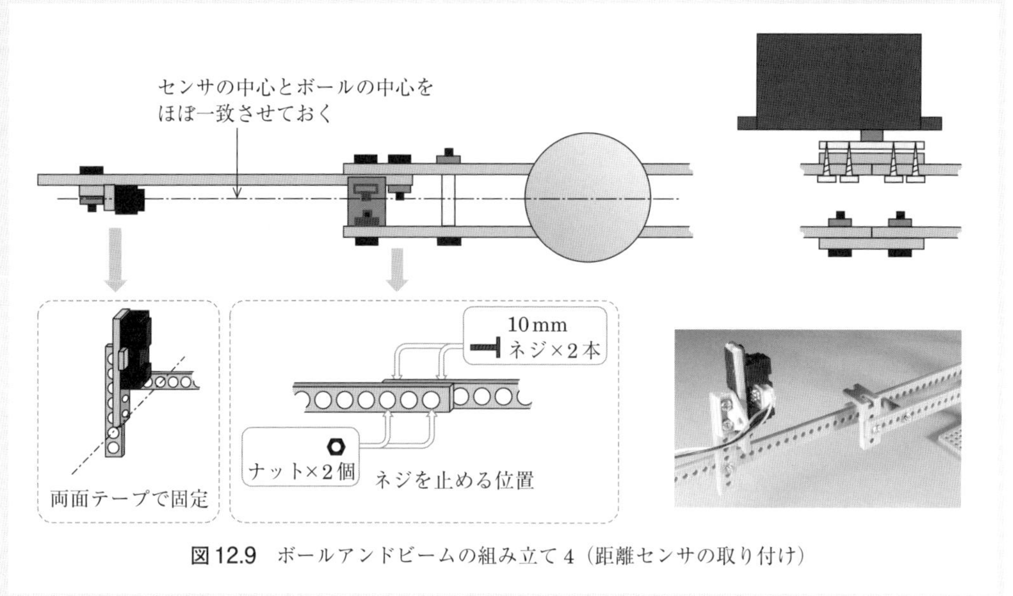

図 12.9　ボールアンドビームの組み立て 4（距離センサの取り付け）

(4) サーボモータの取り付け部の作成

サーボモータを取り付ける台座を作ります。図 12.10 に示すようなユニバーサルプレートに付いているアングル材とユニバーサルアームセットに付いてる L 字の部品を使って作ります。

間隔を 11 穴としてユニバーサルプレートに取り付けます。ネジ頭が裏になるように取り付ける方が後でプレートを固定しやすくなります。

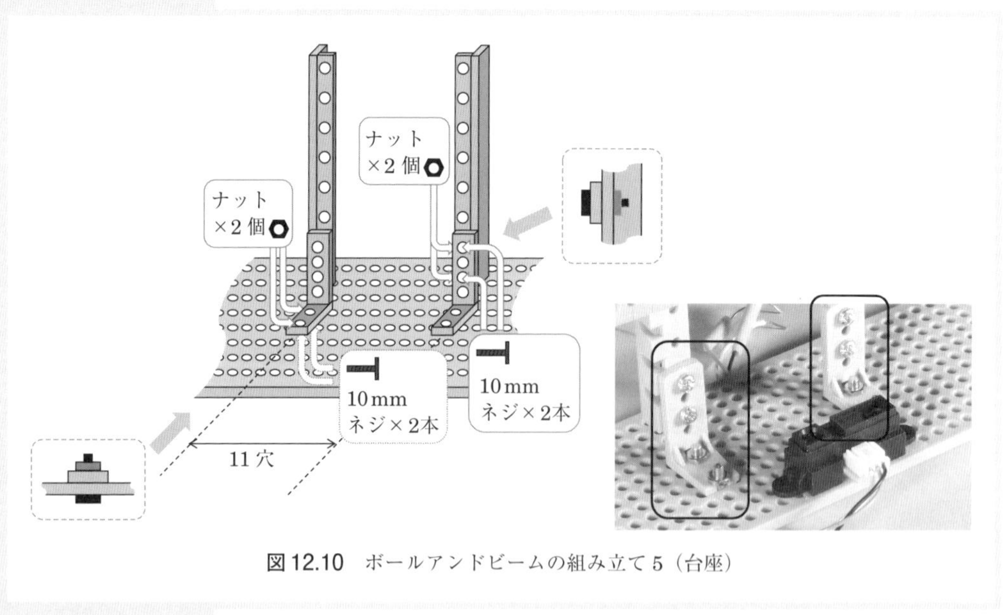

図 12.10　ボールアンドビームの組み立て 5（台座）

(5) 台座とサーボモータの連結

図 12.11 に示すように 4 本の短いネジで取り付けます。電源が入っていない場合はサーボモータを手で回すことができますので，ネジが取り付けやすい位置にレールを動かしてください。

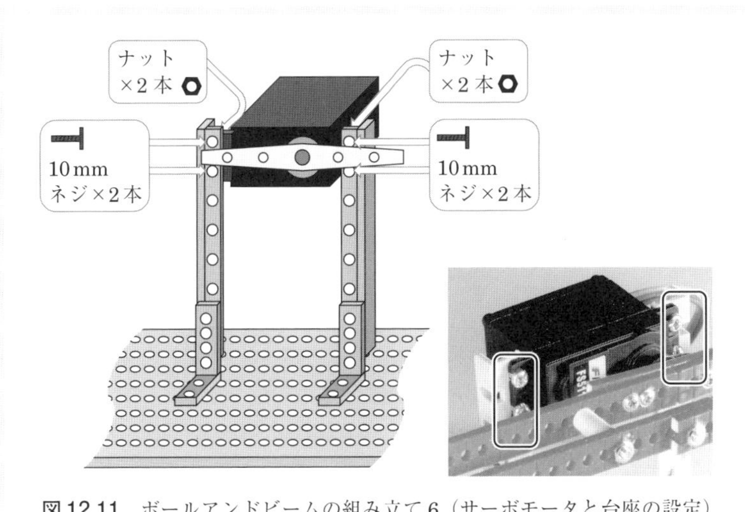

図 12.11　ボールアンドビームの組み立て 6（サーボモータと台座の設定）

(6) 報酬用センサの取り付け

深層強化学習の報酬を与えるためのセンサを取り付けます。取り付け位置は図 12.12 のように上から見て，サーボモータの近くでかつ，「レールの間」になるように取り付けてください。

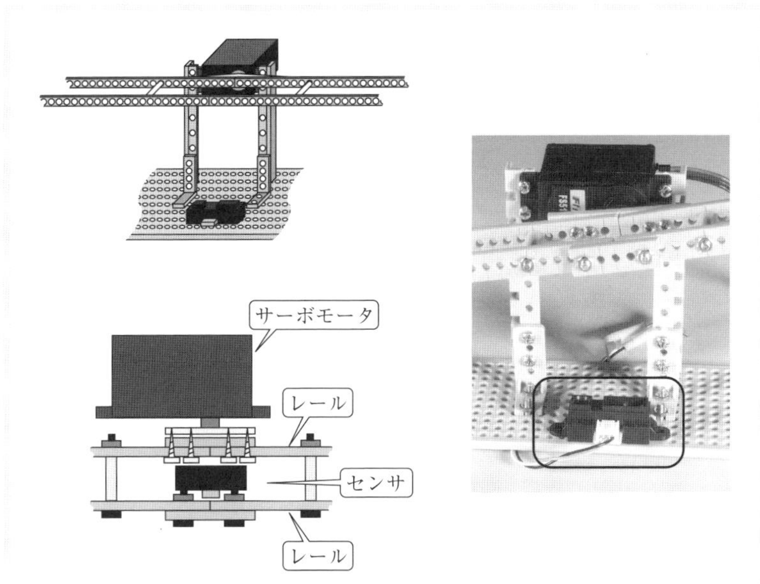

図 12.12　ボールアンドビームの組み立て 7（報酬用センサの取り付け）

(7) カバーの取り付け

最後に図 12.13 に示すようにカバーを取り付けます。カバーがないと学習中にピンポン玉がレールから落ちてしまうことがあります。

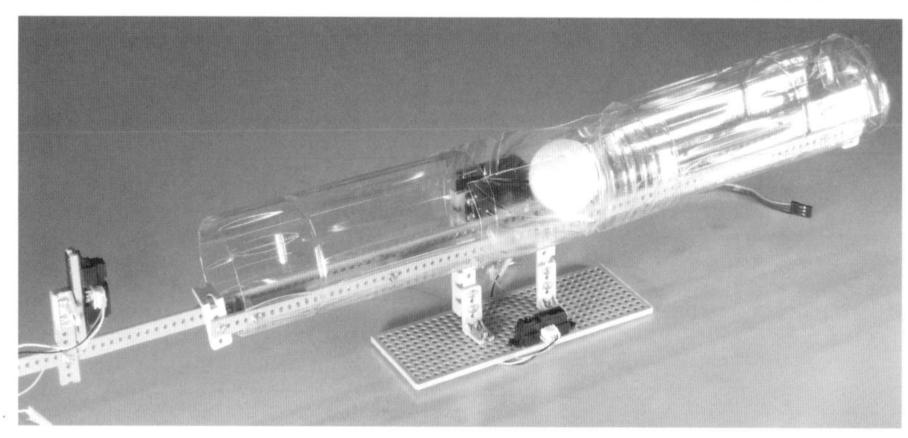

図 12.13　ボールアンドビームの組み立て 8（カバーの取り付け）

カバーは図 12.14 に示すように 3 本のペットボトルを切り取ったもので作りました。そして，筆者はレールへの取り付けには強い両面テープで行いました。

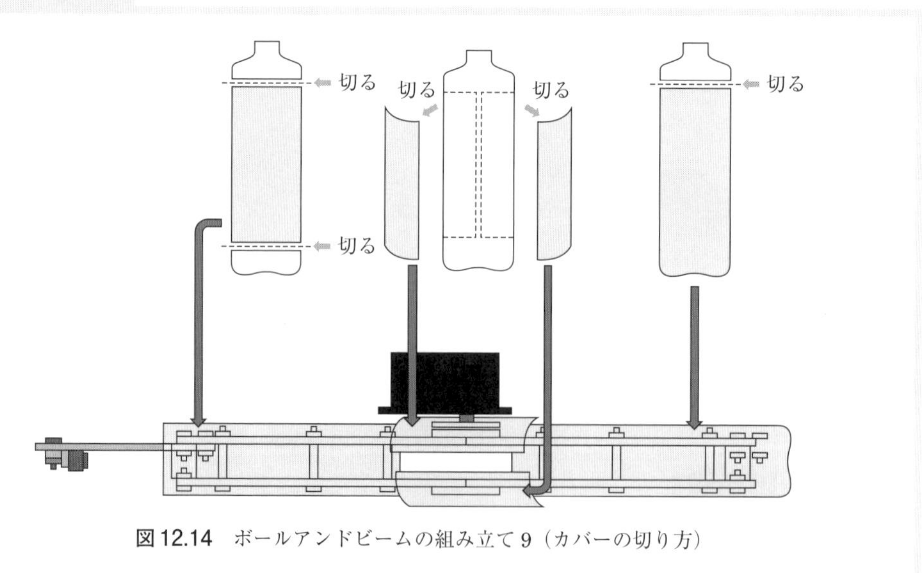

図 12.14　ボールアンドビームの組み立て 9（カバーの切り方）

12.1.2　電子回路

ボールアンドビームで使用する電子回路を図 12.15 に示します。サーボモータ 1 つと，距離センサ 2 つ，サーボモータの確認用ボリュームが付いています。

この回路ではサーボモータの信号線はデジタル9番ピンに，距離センサはアナログ0番ピン（A0），報酬用センサはアナログ1番ピン（A1），サーボモータの微調整用のボリュームの中央のピンはアナログ2番ピン（A2）に接続します。

距離センサのピン配置を図12.16に示します。距離センサに付属してくるコネクタの付いたケーブルの色が電子工作に慣れている人ほど思い込みによってVCCとGNDを間違えやすいので，仕様書をよく確認しながら配線してください。

ボールアンドビームは実験に2時間以上かかる場合があります。そのため，サーボモータ用の電源にはACアダプタを使い，そのジャックをブレッドボードに刺せるように変換する基盤を使って取り付けています。

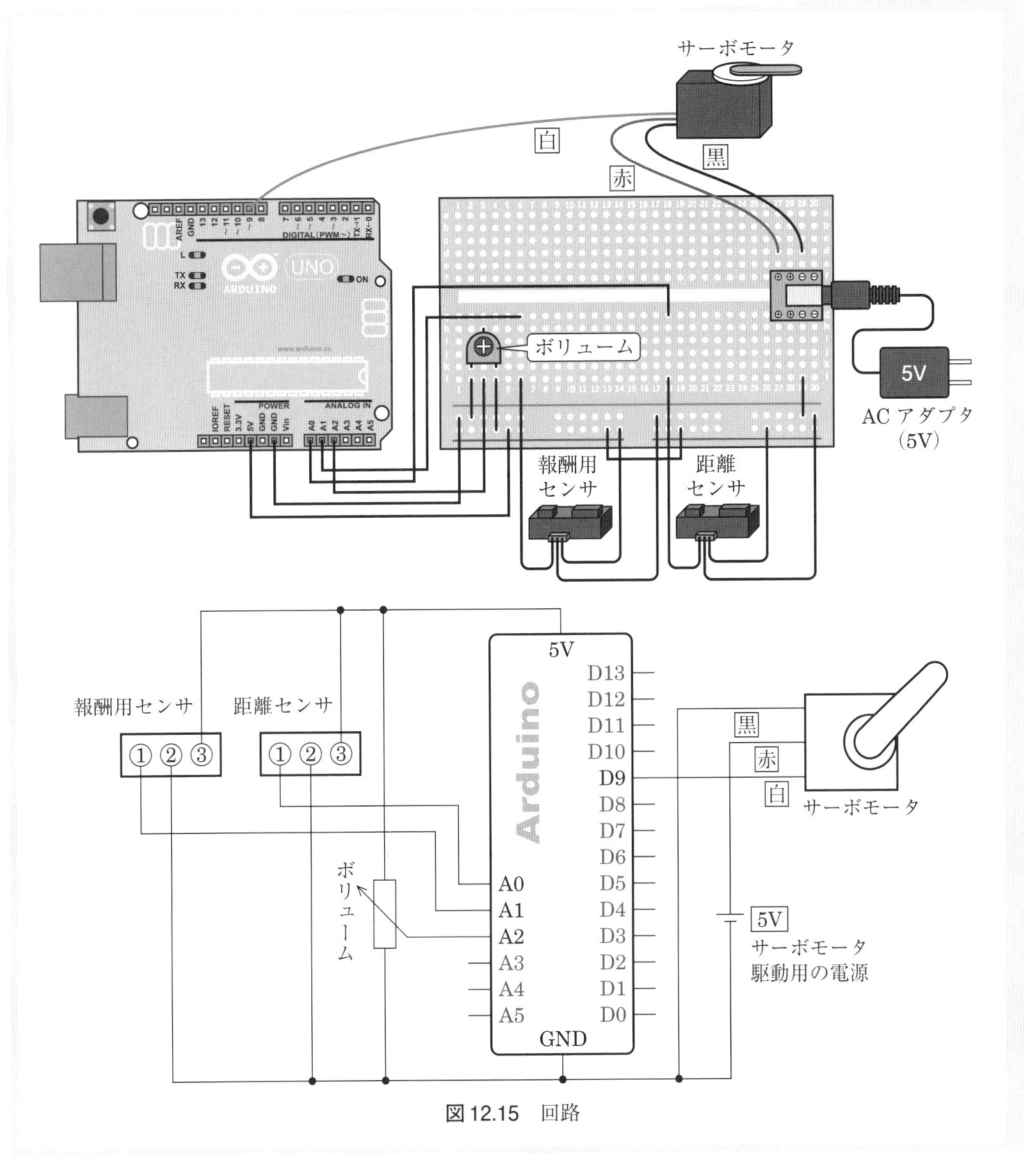

図12.15　回路

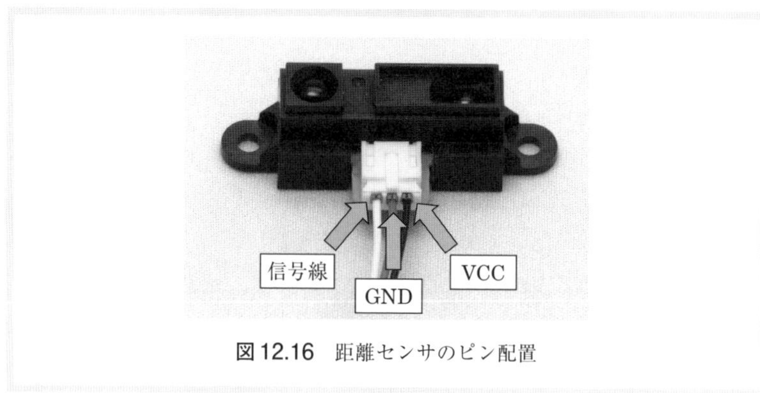

図 12.16　距離センサのピン配置

12.1.3　動作テスト用 Arduino スケッチ

3 つのスケッチで回路の動作を確認します。

(1) センサの動作テスト

2 つセンサと 1 つのボリュームの動作テストを行うためのスケッチをリスト 12.2 に示します。スケッチの実行結果を見ながら，ピンポン玉を置いてセンサの位置を修正します。

アナログ 0～2 番ピンの値を読み取り，それを表示することを 100 ミリ秒おきに繰り返します。

値が読み取りにくい場合は 10 行目の `delay` 関数の引数を `500` へ変えて 500 ミリ秒おきに変更してください。

▶リスト 12.2◀　センサの読み込み（Arduino 用）：Sensor_check.ino

```
1  void setup() {
2    Serial.begin(9600);
3  }
4  
5  void loop() {
6    float val0 = 4000.0/(analogRead(0)+1);
7    int val1 = analogRead(1);
8    int val2 = analogRead(2);
9    Serial.println(String(val0)+"¥t"+String(val1)+"¥t"+String(val2));
10   delay(100);
11 }
```

リスト 12.2 を実行して，シリアルモニタを開くとすると以下のように表示されます。1 列目がピンポン玉までの距離を測るセンサの出力を 5 章で示した式 (5.1) *1 で距離に直した結果，2 列目が報酬を決めるためのセンサの出力結果，3 列目がサーボモータの角度を調整するためのボリュームの値を示しています。

ピンポン玉を置いたり，ボリュームを回したりするとシリアルモニタ

*1
$l = \frac{4000}{v+1}$ 〔mm〕
l：距離，v：電圧

に表示される値が変わることを確認してください。今回の例は，レールを傾けてセンサの近くからピンポン玉を転がしたときのセンサの読みです。距離センサの値が大きくなり，途中で報酬用センサの上を通るので，2 列目の値が 700 を超えていることが確認できます。

```
9.46 524 125
10.58 726 124
11.90 222 123
14.23 492 124
16.60 504 125
18.69 503 123
（以下略）
```

(2) ピンポン玉までの距離を測るセンサの調整

ピンポン玉までの距離を測るセンサの調整を行います。図 12.17（a）

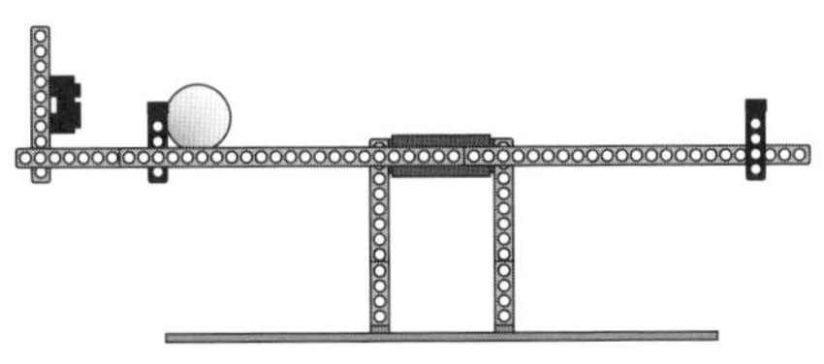

(a) センサに近い位置にピンポン玉を配置

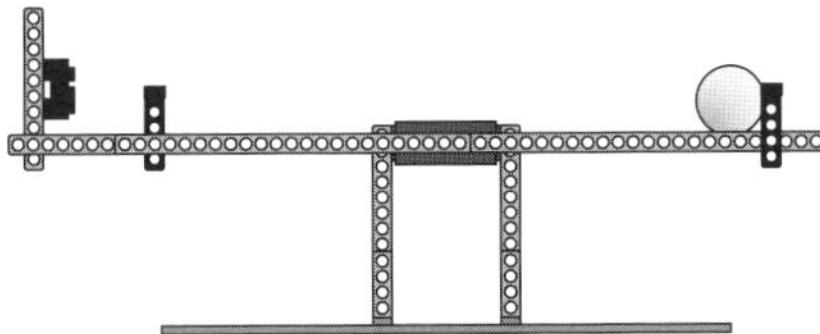

(b) センサから遠い位置にピンポン玉を配置

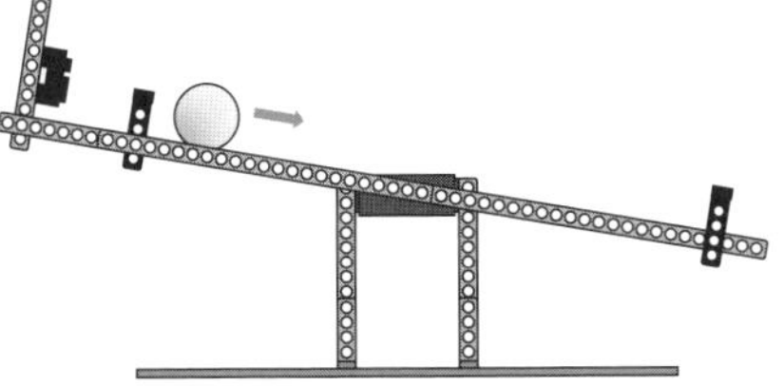

(c) レールを傾けてピンポン玉を配置

このときの距離センサの値を
記録しておく（12.3 節で必要）

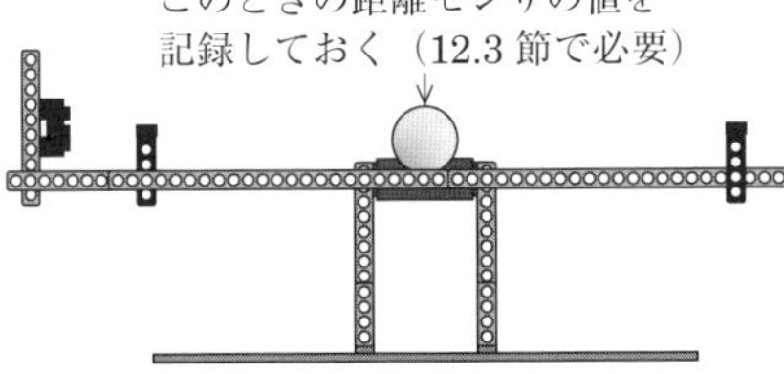

(d) ピンポン玉を中央に配置

図 12.17　距離センサの調整

のようにピンポン玉をセンサに近づけます。その値を記録しておきます。そして，図 12.17 (b) のようにセンサから遠ざけます。その値が，図 12.17 (a) のときよりも大きくなっていることを確認します*2。値に変化がなかったり，小さくなってしまったりする場合はセンサの位置を調整します。調整はたいていの場合，上下方向だけでよいです。最後に，図 12.17 (c) のようにレールを傾けて，ピンポン玉をセンサの近い側にそっと置いて，転がして，値が減ることを確認します。ノイズや計測誤差により，必ずしも値が減らない場合がありますが，おおむね減っていれば問題ありません。

*2 値が変化しなければ，回路が間違えている可能性があります。

なお，図 12.17 (d) のようにピンポン玉を中央付近に置いたときのセンサの値を記録しておいてください。12.3 節で使います。

(3) 報酬のためのセンサの調整

報酬用センサの調整を行います。図 12.12 のように上から見てセンサがレールの間に配置されていることを確認します。その後，図 12.18(a) のようにピンポン玉を置かない場合と，図 12.18 (b) のようにピンポン玉を置いた場合で，センサの値に違いが生じることを確認します。この確認はリスト 12.2 を実行することで行います。この値の差が 50 以上あるようにしてください。

なお，この値を 12.4 節の報酬の設定に使いますのでそれぞれの値を記録しておいてください。

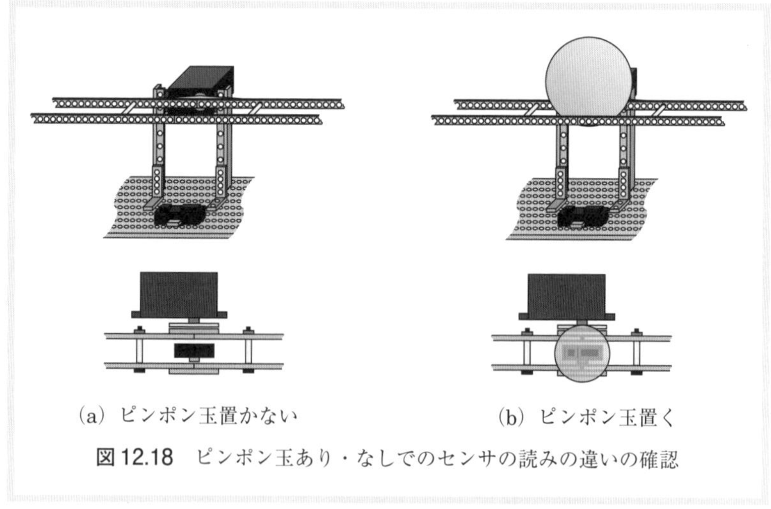

(a) ピンポン玉置かない　　(b) ピンポン玉置く

図 12.18 ピンポン玉あり・なしでのセンサの読みの違いの確認

(4) サーボモータの動作テスト

注意 1

Arduino スケッチを書き込むときにはサーボモータ用の AC アダプタを抜いてください。サーボモータが大きく動くことがあります。

注意 2

リスト 12.3 に示すスケッチをはじめて実行するときには，スケッチのミスなどでレールがかなりの速さで大きく回転することがあります。ユニバーサルアームが折れるくらいに回転することがあります。けがのないように，下図に示すように実験機を固定せずに，レールが回転してもどこにも当たらないように実験機を机に対して水平に置いて，実験機から離れて実行してください。

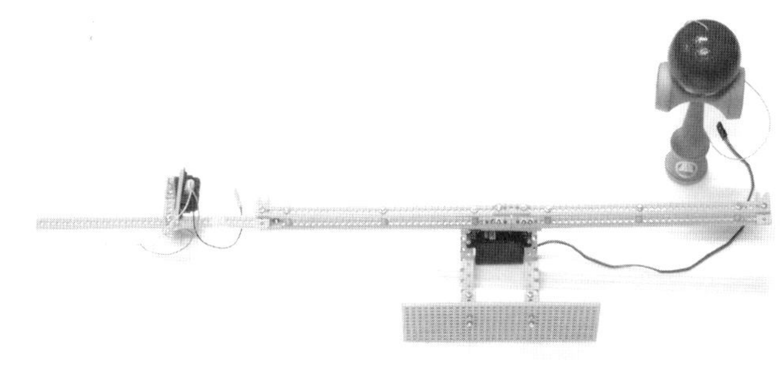

サーボモータの動作テストを行うためのスケッチをリスト 12.3 に示します。この実行結果を見ながら，この後で使うスケッチのサーボモータの角度を調整します。角度を細かく設定するために `mServo.writeMicroseconds` 関数を使います。

14 行目でアナログ 0 番ピンの値を読み取ります。得られる値は 0～1023 なので，512 を引いて－512～511 までの値にして，それを 5 で割ることで－102～102 までの値にしています。この値を使ってサーボモータの角度を変更するのですが，値が大きすぎるとサーボモータが大きな回転をしてしまいます。そこで 15 と 16 行目では，6 行目で設定している `max_angle` という値と比較して，`-max_angle~max_angle` までの値（このスケッチでは－60～60 までの値）になるようにしています。

本節で使用するサーボモータの角度が中央付近になるのはリスト 12.1 で設定した通りに 1575 付近です。そこで，5 行目で `center_angle` に `1575` を設定しています。しかしながら実験機を作って実際に動かすと水平にならず少し傾いていることがあります。そこでそれを調整するためにアナログピンで読み取ったボリュームの値とサーボモータの中央値を使ってサーボモータの角度を設定しています。そして，その値をシリアルモニタに表示します。これを 100 ミリ秒おきに繰り返します。

初回実行時は注意 2 にあるように寝かせておきます。レールがほぼ真横になっているようでしたら，図 12.1 のように実験できるように土台となるプレートを下にして置きます。そのプレートを養生テープなどで固定します。その後，ボリュームをひねり，レールが水平近くになるようにします。そのときの値を記録します。

この後のスケッチでは，レールが水平近くになったときにシリアルモニタに表示された値を center_angle に設定します。

▶リスト 12.3◀　サーボモータの調整（Arduino 用）：Servo_check.ino

```
1  #include <Servo.h>
2  
3  Servo mServo;
4  
5  int center_angle = 1575;
6  int max_angle = 60;
7  
8  void setup() {
9    Serial.begin(9600);
10   mServo.attach(9);
11   mServo.writeMicroseconds(center_angle);
12 }
13 void loop() {
14   int val = (analogRead(2)-512)/5;
15   if (val < -max_angle)val = -max_angle;
16   if (val > max_angle)val = max_angle;
17 
18   mServo.writeMicroseconds(val + center_angle);
19   Serial.println(val + center_angle);
20   delay(100);
21 }
```

シリアルモニタの値はノイズなどの影響により一定にはならず，以下のようになります。この場合はリスト 12.3 の 5 行目の center_angle の値を 1575 と決めていただいて OK です。

```
（前略）
1595
1570
1596
（後略）
```

12.2 【操作】手作業による位置決め

12.1 節のサーボモータの動作テストを少しだけ変更したスケッチを用いて手作業でピンポン玉を中央付近に停止させてみましょう。そのスケッチをリスト 12.4 に示します。変更点はシリアル通信をやめた点と，delay 関数による時間待ちを削除した点です。なお，本節を行わなくても，12.3 節の制御や 12.4 節の深層強化学習に進んでいただくこともできます。

レールにピンポン玉を置いて，ボリュームを回してサーボモータの傾きを変えると，ピンポン玉が転がっていきます。ピンポン玉が端のストッパーで停止しているところから転がすためにはけっこう傾けないといけないことがわかります。これは静止摩擦力によるものです。

いったん転がり始めると，反対側のストッパーまで一気に転がってしまいます。

何度も練習すれば真ん中付近にピンポン玉を停止させることができると思います。

問題の難しさを体験するとともに，コツを知っておいてください。そのコツに従って 12.3 節の制御パラメータや，12.4 節の深層強化学習の動作角度を設定してください[*3]。

＊3　実験機のネジの閉め方など微妙な違いの影響で，本書に示すパラメータではうまく動作しないことがあるためです。

▶リスト 12.4◀　サーボモータによる手動コントロール（Arduino 用）：Manual_control.ino

```
#include <Servo.h>

Servo mServo;

int center_angle = 1575;
int max_angle = 60;

void setup() {
  mServo.attach(9);
  mServo.writeMicroseconds(center_angle);
}
void loop() {
  int val;
  val = (analogRead(2)-512)/5;
  if (val < -max_angle)val = -max_angle;
  if (val > max_angle)val = max_angle;

  mServo.writeMicroseconds(val + center_angle);
}
```

12.3 【制御】Arduino による位置決め

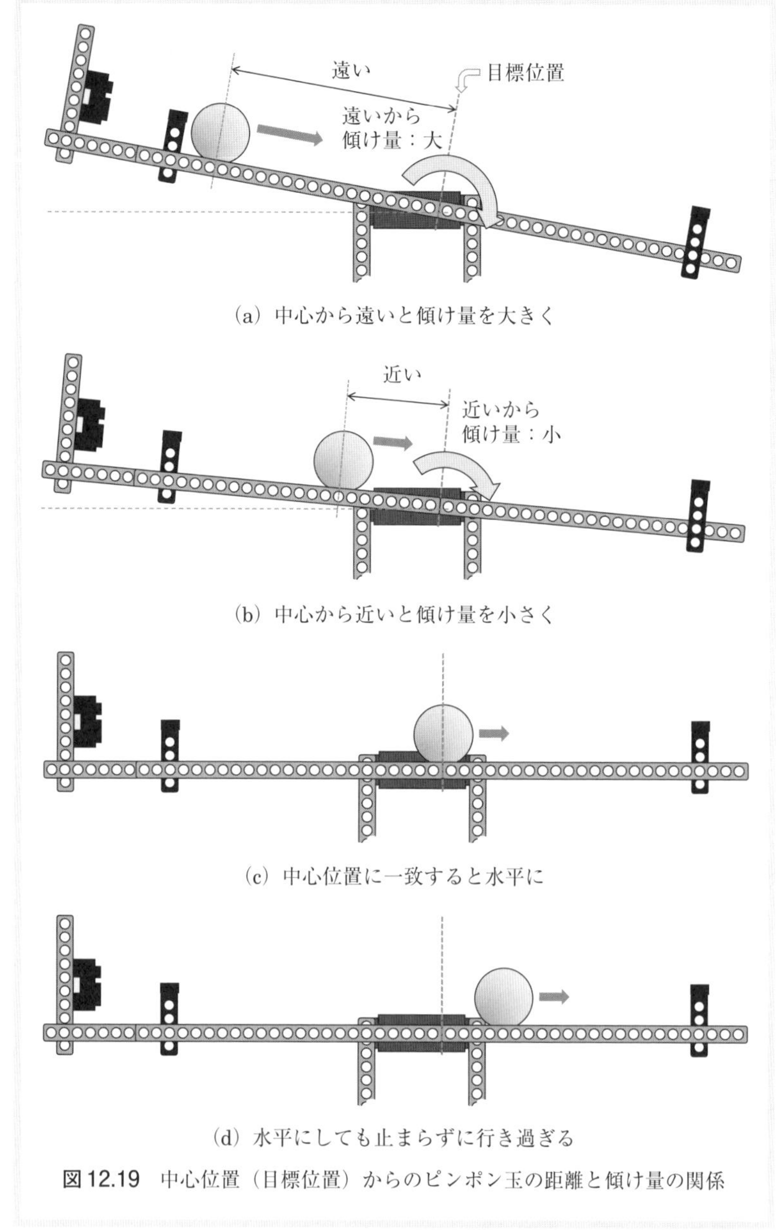

(a) 中心から遠いと傾け量を大きく

(b) 中心から近いと傾け量を小さく

(c) 中心位置に一致すると水平に

(d) 水平にしても止まらずに行き過ぎる

図 12.19 中心位置（目標位置）からのピンポン玉の距離と傾け量の関係

12.1 節で作成したボールアンドビームの動作確認も兼ねて，Arduino マイコンだけで制御してみましょう。なお，本節を行わなくても，12.4 節の深層強化学習に進んでいただくこともできます。

まず，12.1.3 項（1）に示した方法を用いて距離センサの値をシリアルモニタに表示し，ピンポン玉を中央付近に置きます。そのときの距離センサの値を書き留めます。この値が制御するときの目標位置となります。

次に，12.1.3 項（4）に示した方法を用いてレールが水平になる値を求めて，それを書き留めておきます。水平になる角度は毎回ちょっとずつ変わることがあります＊4。

＊4 レールがプラスチック製のためやレールの連結部のネジの止め方などのため，レールが多少曲がることにより生じます。

制御の原理を簡単に説明します。詳しい説明は制御工学の本を読んでください。

まず，図 12.19（a）のような位置にピンポン玉がある場合，レールを時計方向に回転させます。そして，目標位置から離れた分だけたくさん回転させることにします。ピンポン玉が目標位置に近づくにつれてレールの角度を緩やかに（図 12.19（b）），真ん中になったらちょうどレールがまっすぐに（図 12.19（c））します。このとき摩擦があれば，止まりますが，ピンポン玉なので図 12.19（d）のようにコロコロ転がってしまいます。この動作を繰り返しますのでなかなかうまく止まりません。この制御方式のことを P 制御（比例制御）といいます。

そこで，ピンポン玉の速さによって角度調整する方向を説明します。たとえば，図 12.20（a）のように，ピンポン玉が右へ速い速度で向かっている場合は回転させる角度を大きく減らし，図 12.20（b）のようにゆっくりだったらあまり減らさないようにします。これにより，ブレーキをかけることができます。この制御方式のことを D 制御（微分制御）といいます。

そのほかには I 制御（積分制御）もありますが本書では扱いません。

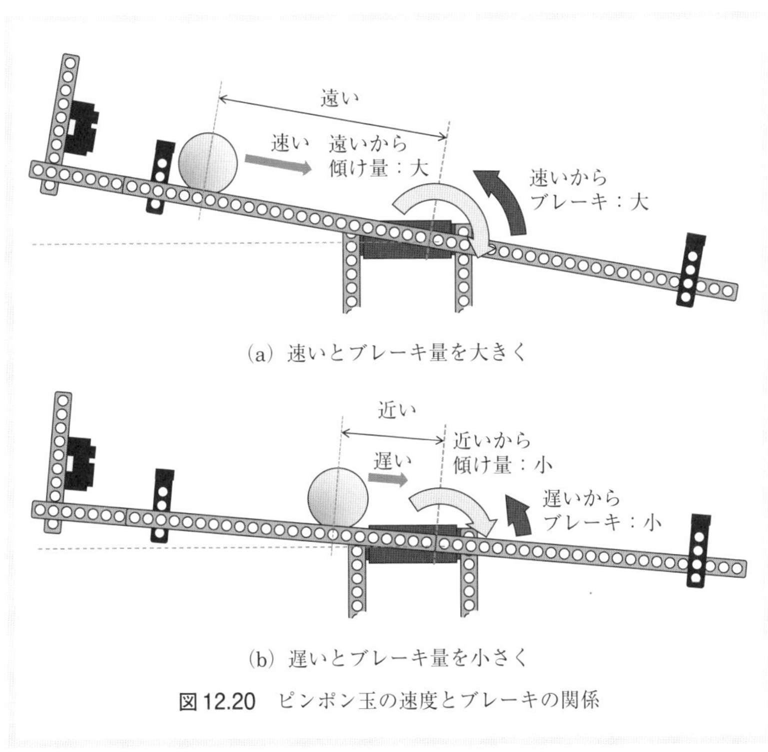

（a）速いとブレーキ量を大きく

（b）遅いとブレーキ量を小さく

図 12.20　ピンポン玉の速度とブレーキの関係

▶リスト12.5◀　制御による位置決め（Arduino用）：PD_control.ino

```
1  #include <Servo.h>
2
3  Servo mServo;
4
5  int angle = 0;
6  int center_angle = 1795; // 水平になる角度
7  int center_psd = 12; // 中心位置
8  int max_angle = 60;
9
10 int i = 0;
11 int p = center_psd;
12 float pp;
13
14 void setup() {
15   mServo.attach(9);
16   Serial.begin(9600);
17   mServo.writeMicroseconds(center_angle);
18 }
19 int ps = 0;
20 void loop() {
21   int v = analogRead(0);
22   float s = 4000.0 / (v + 1);
23   float p = (s - center_psd);
24   float d = -(p - pp);
25   float angle = p * 5 + d * 20;
26   if (angle < -max_angle)angle = -max_angle;
27   if (angle > max_angle)angle = max_angle;
28   mServo.writeMicroseconds(center_angle + (int)angle);
29   Serial.println(String(p) + "¥t" + String(pp) + "¥t" + String(d) +
         "¥t" + String(angle) + "¥t" + String(s) + "¥t" + String(v));
30   pp = p;
31   delay(10);
32 }
```

これを実現させるためのスクリプトをリスト12.5に示します。まず，center_angle変数にレールが水平になるためのサーボモータの値を設定しています。次に，center_psd変数に目標位置を設定しています。この値は12.1.3項（1）で読み取った値です。

21行目で距離センサの値を読み取り，22行目で距離に直しています。23行目でその距離と目標とする位置の差を計算し，この値をもとにP制御を行います。

24行目では1つ前の時刻の位置との差を計算しています。これにより，疑似的にピンポン玉の速度を計算し，この値をもとにD制御を行います。

25行目で，pとdの2つの値から角度を算出しています。

これを10ミリ秒おきに行っています。

ここで，重要なのはpとdの係数である5と20です。この値を変更することでうまく制御できます。

まずpにかけている5の意味から説明します。これは比例制御に関する定数です。そのため，これは目標となる中央の位置からの距離を何倍して角度に換算するかを決めるための定数です。この値を大きくすると中心から離れているときにより角度を大きく傾けるようになります。

次にdにかけている20の意味を説明します。これは微分制御に関する定数です。そのため，これは速度を何倍して角度に換算するかを決めるための定数です。この値を大きくすると，速く転がっているときには角度を緩やかにするように傾き量を調整します。

この2つの定数を変えてピンポン玉が中心付近で止まるように設定してみましょう。値の設定は難しいため何度も試す必要があります。この設定によっては，レールがシーソーのように左右に大きく振れてしまうことがあります。

なお，このスクリプトでは積分制御が入っていません。そのため，必ずしも中心に止まるとは限らず，たいていの場合，設定した中央の位置から少しずれた位置に止まります。

12.4 【連携】深層強化学習で制御

いよいよ最後となります。深層強化学習でボールアンドビームを制御します。

連携させるために以下の手順で説明します。

- 通信
- Arduino スケッチ
- Python スクリプト
- 実行

12.4.1 通信

連携させるためには11章と同様に以下の2種類の通信を用意します。

- 学習時に行われる動作指令を送って状態と報酬を返す通信
- 次の学習に入るための初期状態に戻すための通信

(1) 学習時の通信

Arduino からはピンポン玉の位置，サーボモータの角度，報酬の3つの値を送ります。報酬は12.4.2項で説明します。

それをもとにパソコンで学習して，サーボモータをどれだけどちらに回転させるかの指令を送ります。送る値は「0」～「4」までの整数とします。これを図で表すと図 12.21 となります。

値と角度の対応は表 12.1 となっています。たとえば，現在のサーボモータの角度を決める値が 1500 であった場合，「0」が送られたら，現在の値から 5 を引いて 1495 へ変更することとなります。この対応表は実験時に変更することで，よりうまく球が止まる可能性があります。

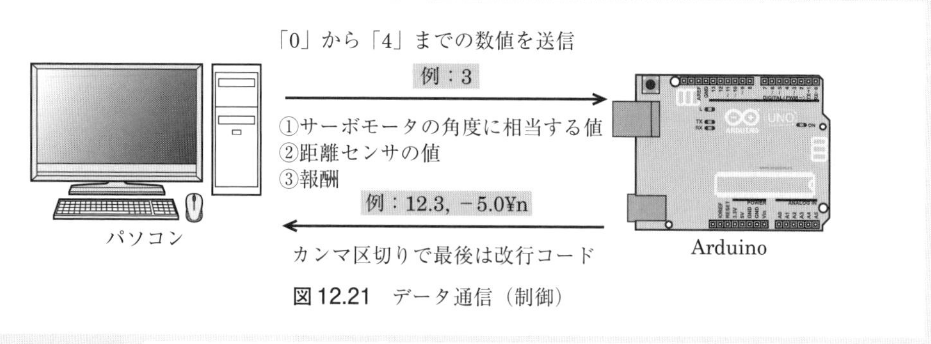

図 12.21　データ通信（制御）

表 12.1　パソコンから送信した値と角度の差分

送信した値	角度の差分
0	－5
1	－1
2	0
3	1
4	5

(2) 初期状態に戻すための通信

次の学習に入る前にピンポン玉の位置とレールの角度を初期位置に戻す必要があります。パソコンからは「a」という文字を送ることとします。Arduino は「a」を受け取ったら初期状態に戻す動作を行い，完了したら Arduino からは「b」という文字を送ることとします。これを図で表すと図 12.22 となります。

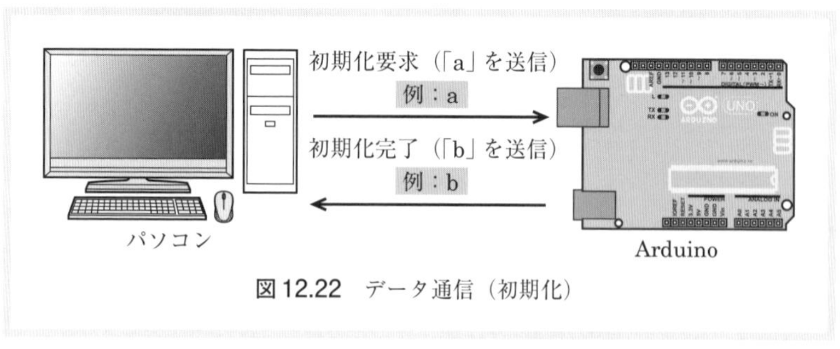

図 12.22　データ通信（初期化）

12.4.2 スケッチ（Arduino）

パソコンからデータを受け取り，初期状態に戻したり，サーボモータを動かしてレールの角度を変えたりするスケッチをリスト 12.6 に示します。

▶リスト 12.6◀ 深層学習によるボールアンドビームの制御（Arduino 用）：DDQN_control.ino

```
#include <Servo.h>

Servo mServo;

int angle = 0;
int center_angle = 1575;
int max_angle = 60;
float reward = 0;
int count = -1;
float old_p;
boolean end_flag = false;

void setup() {
  pinMode(LED_BUILTIN, OUTPUT);
  mServo.attach(9);
  Serial.begin(9600);
  mServo.writeMicroseconds(center_angle);
}

void loop() {
  if (Serial.available() > 0) {
    end_flag = false;
    char c = Serial.read();
    if (c == 'a') {
      digitalWrite(LED_BUILTIN, HIGH);
      for (int a = angle; a < max_angle-30; a++) {
        mServo.writeMicroseconds(a + center_angle);
        delay(10);
      }
      angle = max_angle-30;
      delay(2000);
      digitalWrite(LED_BUILTIN, LOW);
      Serial.println("b");
    }
    else {
      if (c == '0') {
        angle -= 5;
      }
      else if (c == '1') {
        angle -= 1;
      }
      else if (c == '2') {
        angle += 0;
      }
      else if (c == '3') {
```

```
        angle += 1;
      }
      else if (c == '4') {
        angle += 5;
      }
      if (angle < -max_angle) {
        angle = -max_angle;
        end_flag = true;
      }
      if (angle > max_angle) {
        angle = max_angle;
        end_flag = true;
      }
      mServo.writeMicroseconds(angle + center_angle);
      count = 10;
      old_p = 4000.0 / (analogRead(0) + 1);
    }
    reward = 0;
  }
  else {
    int val = analogRead(1);
    if (val > 550)
      reward += 1.0;
  }

  if (count == 0) {
    float p = 4000.0 / (analogRead(0) + 1);
    if (end_flag == true)reward = -1;
    Serial.println(String(p) + "," + String(old_p - p) + ","
        + String(angle) + "," + String(reward));
    count = -1;
  }
  else if (count > 0) {
    count--;
  }
  delay(1);
}
```

まずは大まかな説明をします。送られた文字が初期化を開始するための文字「a」ならば，初期化を行い，初期化終了を伝えるために「b」という文字を送信します。一方，送られてきた文字が「0」～「4」までの数字だった場合，その数字に合わせてレールの角度を変更します。そしてArduinoは値を受信（図12.23の0ミリ秒のとき）した後は10ミリ秒後にパソコンにサーボモータの角度に相当する値，ピンポン玉までの距離，報酬を送信するまで，1ミリ秒間隔で報酬用の距離センサの上を通ったかどうか調べて報酬があるかどうかを調べています。深層強化学習では選択した行動を行った結果，報酬が得られたかどうかが重要となります。

図 12.23　Arduino の通信と報酬チェックのタイミング

それではスケッチの詳しい解説を行います。

まずは，何かしらの文字が送られてきたかどうか 21 行目で調べ，送られてきている場合はその文字を受信します（23 行目）。

その文字が「a」ならば 24 〜 34 行目で初期化を行います。いきなり初期角度に戻すとピンポン玉が飛んだりしますので，少しずつ緩やかに戻しています（26〜29 行目）。初期角度に戻ってもピンポン玉が転がって戻るまでに時間がかかりますので，2 秒（2000 ミリ秒）待ちます（31 行目）。その後，パソコンに「b」を送信して初期化が終了したことを伝えます（33 行目）。

一方，その文字が「0」〜「4」ならば，36 〜 58 行目で送られてきた文字に相当する角度の差分を足しています。そして角度が設定した値を超えないようにしています（51 〜 58 行目）。その角度になるように 59 行目でサーボモータを動かしています。

そして，count 変数を 10 とすること（60 行目）で 10 ミリ秒後にデータを送信するように設定します。

65 〜 69 行目で報酬用のセンサの上にピンポン玉があるかどうかを調べています。ピンポン玉が上にあれば報酬を表す reward 変数を 1 に変えています。それに加えてピンポン玉がレールの端にあるときはマイナスの報酬を与えています（73 行目）。71 〜 79 行目は送信までのカウントダウンを行っています。そして，count 変数が 0 となったとき（10 ミリ秒後）に距離センサの値，サーボモータの角度に相当する値，報酬をパソコンに送っています（74 行目）。

12.4.3　スクリプト（パソコン）

Arduino から受け取ったピンポン玉までの距離とサーボモータの角度，報酬をもとにして，学習を行いながら，Arduino へサーボモータの角度の差分の指令を与えるスクリプトをリスト 12.7 に示します。

▶リスト 12.7◀ 深層学習によるボールアンドビームの制御（Python 用）：Ball_and_beam.py

```
# -*- coding: utf-8 -*-

import numpy as np
import chainer
import chainer.functions as F
import chainer.links as L
import chainer.initializers as I
import chainerrl
import serial
import time

class QFunction(chainer.Chain):
    def __init__(self, obs_size, n_actions, n_hidden_channels=64):
        super(QFunction, self).__init__()
        with self.init_scope():
            self.l1=L.Linear(obs_size, n_hidden_channels, initialW=I.HeNormal(scale=0.5))
            self.l2=L.Linear(n_hidden_channels, n_hidden_channels, initialW=I.HeNormal(scale=0.5))
            self.l3=L.Linear(n_hidden_channels, n_hidden_channels, initialW=I.HeNormal(scale=0.5))
            self.l4=L.Linear(n_hidden_channels, n_actions, initialW=I.HeNormal(scale=0.5))
    def __call__(self, x, test=False):
        h1 = F.tanh(self.l1(x))
        h2 = F.tanh(self.l2(h1))
        h3 = F.tanh(self.l3(h2))
        y = chainerrl.action_value.DiscreteActionValue(self.l4(h3))
        return y

def random_action():
    return np.random.choice(range(5))

def step(action):
    ser.write(str(action).encode('utf-8') )
    state = ser.readline()
    state = state.rstrip().decode('utf-8').split(',')
    reward = state.pop(-1)
    state = state[:3]
    return np.array(state, dtype=np.float32), float(reward)

gamma = 0.9
alpha = 0.5
max_number_of_steps = 500 # 1試行の step 数
num_episodes = 1000 # 総試行回数

q_func = QFunction(3, 5)
optimizer = chainer.optimizers.Adam(eps=1e-2)
optimizer.setup(q_func)
explorer = chainerrl.explorers.LinearDecayEpsilonGreedy(start_epsilon=1.0, end_epsilon=0.0, decay_steps=num_episodes*100, random_action_func=random_action)
```

```
47  replay_buffer = chainerrl.replay_buffer.PrioritizedReplayBuffer
        (capacity=10 ** 6)
48  phi = lambda x: x.astype(np.float32, copy=False)
49  agent = chainerrl.agents.DoubleDQN(
50      q_func, optimizer, replay_buffer, gamma, explorer,
51      replay_start_size=1000, minibatch_size=160, update_interval=1,
            target_update_interval=50, phi=phi)
52  #agent.load('agent')
53
54  ser = serial.Serial('COM6')
55  time.sleep(5.0)
56
57  for episode in range(num_episodes): # 試行数分繰り返す
58      state = np.array([0,0,0])
59      R = 0
60      reward = 0
61      done = False
62      count=0
63      ser.write(b"a")
64      tmp = ser.readline()
65
66      for t in range(max_number_of_steps): # 1試行のループ
67          action = agent.act_and_train(state, reward)
68          state, reward = step(action)
69          if reward < 0:
70              done = True
71          break
72          R += reward # 報酬を追加
73      agent.stop_episode_and_train(state, reward, done)
74
75      print('Episode {}: reward {} done {}, statistics: {}, epsilon {}'.
            format(episode+1, R, done, agent.get_statistics(), agent.
            explorer.epsilon))
76  agent.save('agent')
77  ser.close()
```

まずは大まかな説明をします。

Arduino へ初期化を開始するための文字「a」を送り，初期化終了を伝える文字を受信したら，動作しながら学習する深層強化学習をはじめます。まずは，サーボモータの角度の差分を与え，ピンポン玉までの距離とサーボモータの角度，報酬を受信します。その情報をもとにして，学習を行うことを 500 ステップ行います。500 ステップを 1 エピソードとし，それを 1000 エピソード繰り返します。

それではスクリプトの詳しい解説を行います。

43 行目の QFunction の引数で入力の数と出力の数を決めています。入力はピンポン玉までの距離と速度とサーボモータの角度の 3 つの値ですので，1 番目の引数を 3 としています。そして，出力は「0」～「4」の 5 つの値としますので，2 番目の引数を 5 としています。

その後，深層強化学習のハイパーパラメータを設定しています。学習の方法（オプティマイザ）としてAdamを設定し（44行目），ランダム動作を行う割合（エクスプローラ）にLinearDecayEpsilonGreedy（46行目）を設定しています。

replay_bufferとして，PrioritizedReplayBufferを設定しています。

深層強化学習の手法としてDoubleDQNを設定しています（49行目）。

関数中の変数で次のことを設定しています。

- replay_start_size：学習をはじめるタイミングを設定します。この例だと1000回の行動を行ったら学習をはじめます。行動とはリスト12.7の66行目のループの回数です。たとえばループのカウントをするための変数tが120となったときは行動回数が120回となります。
- update_interval：学習がはじまった後どのくらいの間隔でネットワークを更新するのかを設定します。この例では1回学習が終わるたびに更新します。学習の回数とはリスト12.7の57行目のループの回数です。たとえばループのカウントをするための変数episodeが10となったときは学習回数が10回となります。
- target_update_interval：更新したネットワークをロボットの行動に反映させる間隔を設定します。ネットワークはupdate_intarvalで設定しますが，そのタイミングでネットワークを更新して行動するとうまくいかないことが知られています。そこで，何回か学習してから更新することを行っています。
- minibatch_size：深層学習と同様にミニバッチサイズを設定できます。

54行目でシリアル通信の設定をして，56行目でArduinoの初期化処理を待っています。

57行目のfor文で設定したエピソード数（num_episodes）だけ繰り返しています。

63行目で初期化のための「a」を送信し，65行目でArduinoからの返信を待っています。

66行目のfor文は設定した1エピソード中のステップ数（max_number_of_steps）だけ繰り返しています。

67行目で状態と報酬を引数として次の行動（action）を決めています。

68行目で次の行動を引数にしてstep関数（30～36行目で設定）を呼び出しています。step関数の中で行動を表す「0」～「4」までの文字をArduinoへ送り，Arduinoからのデータを受信しています。そして，ピンポン玉までの距離とサーボモータの角度はstate変数へ，報酬は

reward 変数へ入るように引数を決めています。

そして，そのステップで報酬があれば done 変数を True にしています。

この状態と報酬を使って 67 行目の学習を行うことを 1000 エピソード繰り返します。

12.4.4 実行

実行には 1000 ステップで 3 時間程度かかりました。

センサの精度や工作精度，パソコンとの通信の速さなどから，完全に止めることはなかなか実現できません。しかし，図 12.24 に示すような「惜しい」とか図 12.25 のような「頑張っている」と思ってしまうような動作は何度も見られます。

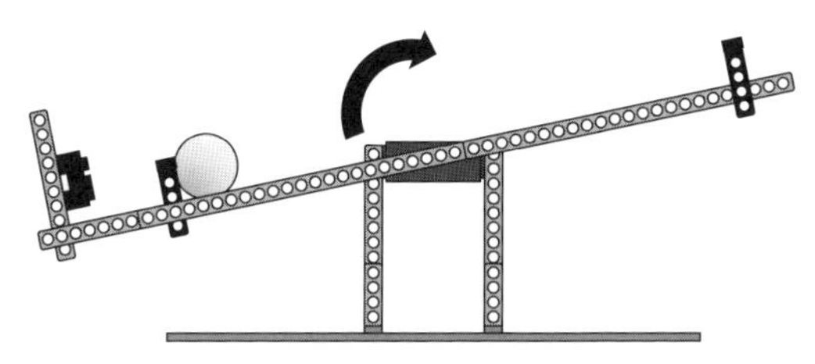

一気に傾きを変える

(a)

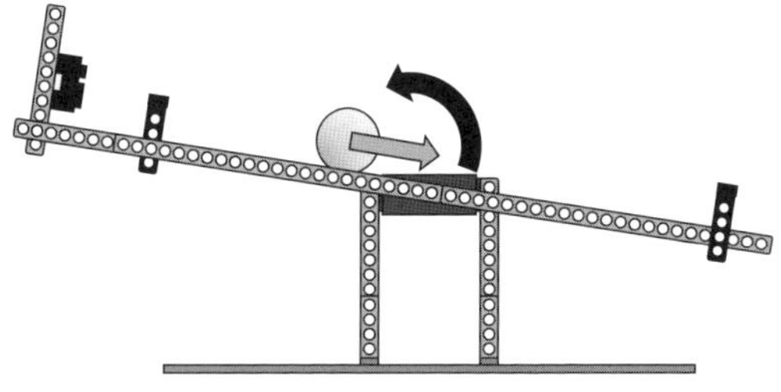

中央に至る前にブレーキをかける方向にレールを傾け始める

(b)

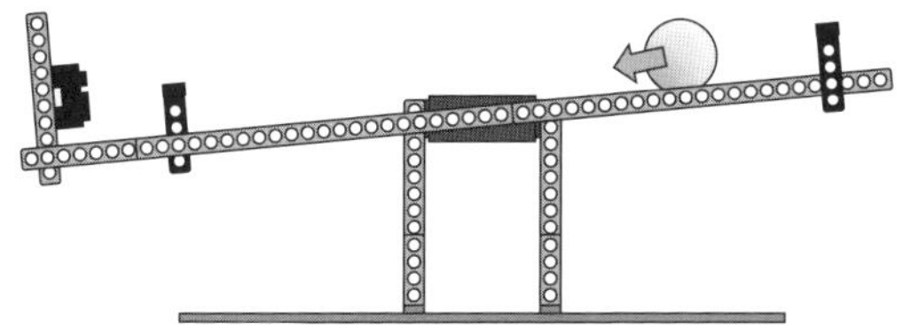

間に合わず行き過ぎるが，ストッパーにあたる前に戻ってくる

(c)

図 12.24　惜しい動作

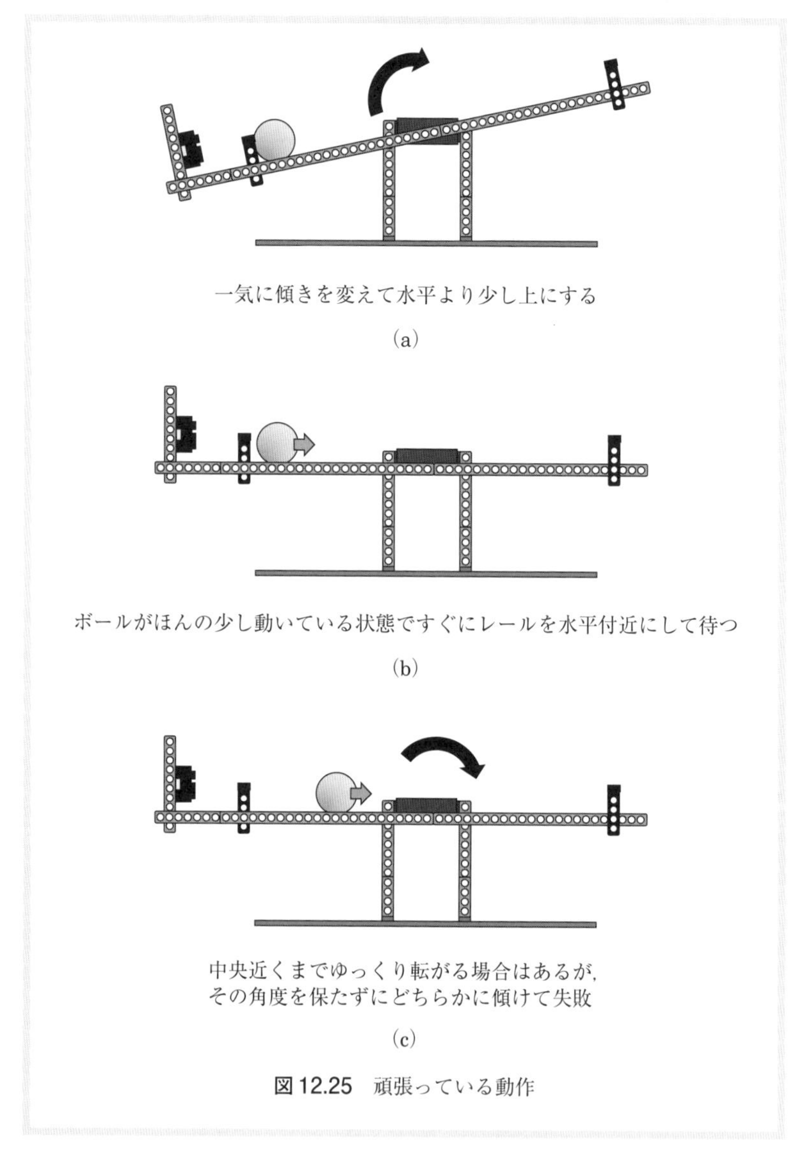

一気に傾きを変えて水平より少し上にする
(a)
ボールがほんの少し動いている状態ですぐにレールを水平付近にして待つ
(b)
中央近くまでゆっくり転がる場合はあるが，
その角度を保たずにどちらかに傾けて失敗
(c)

図 12.25 頑張っている動作

12.5 シミュレーションによる動作

本章の実験にはかなりの時間がかかるだけでなく，作成した実験機材の状態などにより，うまく動かないこともあります。そこで，図 12.26 に示す画面が表示されるシミュレーションのスクリプトを作成して実験する方法を説明します。このシミュレーションでは以下の 3 つが行えます。

操作シミュレーション：キーボード入力でレールの傾きを変えてボールを操作（12.5.2 項）

制御シミュレーション：PD 制御でボールを中央に止める（12.5.3 項）

深層強化学習シミュレーション：深層強化学習でボールを中央に止める（12.5.4 項）

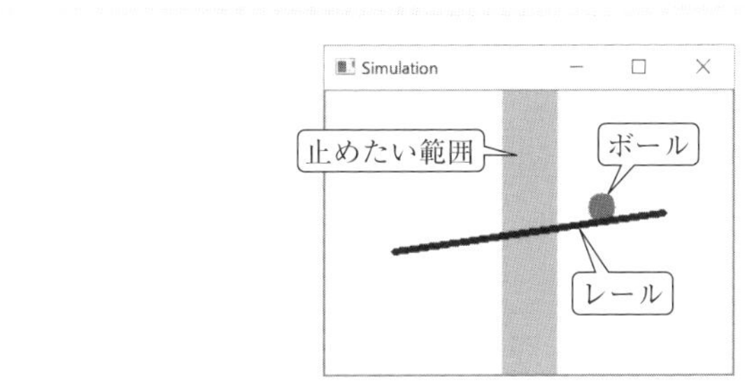

図 12.26　シミュレーション画面

12.5.1　シミュレーションの概要

本節で作成するシミュレーションの概要について説明します。実行すると図 12.26 が表示されます。灰色の丸がボール，黒い横線がレールを表しています。図 12.26 のようにレールが傾いているとボールが左側に移動していきます。そして，「q」を入力するとシミュレーションが終了します。また，中央の縦に伸びる灰色の背景の範囲は深層強化学習で報酬が得られる範囲です。

このシミュレーションの目的は「操作」，「制御」，「深層強化学習」の 3 つの方法でボールを中央に止めることを目的としています。そこで説明を簡単にするために，ボールの転がり運動はモデル化せずに，レールの上を摩擦なく滑るものとしてモデル化を行います。これにより，レールの角度とボールに働く力は図 12.27 のようになります。さらに，レールを動かすときにも本来ならば運動モデルを立てる必要があるのですが，ここでは単純に角度を変更できるものとしています。

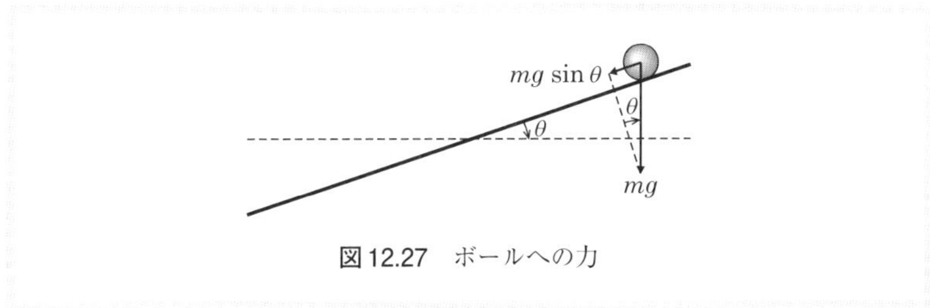

図 12.27　ボールへの力

また，シミュレーションを簡単にするため，オイラー法により次の時刻の速度と位置を求めます。

たとえば，図 12.27 のときの速度と位置をそれぞれ $v(t)$ と $x(t)$ とすると，次の時刻（dt 時間後）の速度 $v(t+1)$ と位置 $x(t+1)$ は次のように計算しています。なお，$\theta(t)$ はレールの角度，m はボールの重さ，g は重力加速度を示しています。

$$v(t+1) = v(t) + \sin(\theta(t))\,dt$$

$$x(t+1) = x(t) + v(t+1)\,dt$$

なお，レールの端にボールがきた場合，中央から離れる方向の速度を 0 とすることで，あたかもレールの端にストッパーがあるように止まるようにしています。

12.5.2 操作シミュレーション

キーボード入力によりリアルタイムにレールの角度を操作できるシミュレーションを作成します。ここでは「a」を入力すると左側が上がり，「s」を入力すると右側が上がるようにします。うまく操作すると図 12.28 のようにボールが中央に止まります。

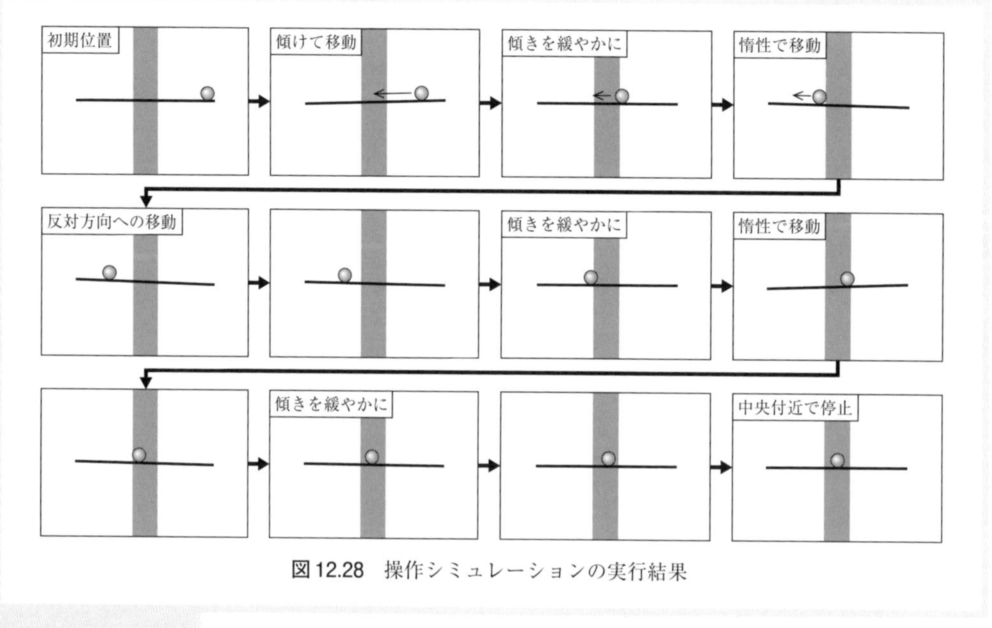

図 12.28 操作シミュレーションの実行結果

操作シミュレーションのスクリプトをリスト 12.8 に示します。

このスクリプトをもとにして，制御シミュレーションと深層強化学習シミュレーションを作ります。そこで，まずは操作シミュレーションの説明をしておきます*5。

まず，5～14 行目で各種パラメータの設定を行っています。

次に，16 行目から下は無限ループとなっています。17～24 行目でボールの位置の更新を行っています。この更新は 12.5.1 項で説明したオイラー法を用いて行っています。

26～35 行目はボールやレールの描画を行っています。

37～47 行目でキー入力を調べて，それに従ってレールの角度の更新

*5 Anaconda 以外の環境を使っている場合は OpenCV ライブラリのインストールが必要です。

を行っています。「q」を入力したとき（39 行目）は cv2.waitKey 関数で Window を閉じてから break 文で無限ループを抜けてスクリプトを終了しています。「a」を入力したとき（43 行目）は角度の増分となる ds 変数に 0.01 を代入することでレールを時計回りに回転させています。「s」を入力したとき（45 行目）は -0.01 を代入して反対方向に回転させています。

▶リスト 12.8◀　操作シミュレーション（Python 用）：sim_Manual_control.py

```
1  import time
2  import cv2
3  import math
4  
5  width = 300            # Window のサイズ（横）
6  height = 200           # Window のサイズ（縦）
7  max_length = 100       # 棒の半分の長さ（左右に max_length 伸ばすため）
8  
9  dt = 0.02              # 時間刻み
10 gravity = 9.80665      # 重力加速度
11 s = 0.0                # レールの角度
12 r = 10.0               # ボールの半径
13 v = 0.0                # ボールの速度
14 x = max_length-10      # ボールの位置（初期位置は右の方に配置）
15 
16 while True:            # 無限のループ
17     costheta = math.cos(s)
18     sintheta = math.sin(s)
19     v = v + 50*(gravity * sintheta) * dt
20     if x<-max_length and v<0:
21         v = 0.0
22     if x>max_length and v>0:
23         v = 0.0
24     x = x + v * dt
25 
26     img = cv2.imread("300x200.bmp", flags=cv2.IMREAD_GRAYSCALE)
27     y = height/ 2 + x*math.tan(s)-r/costheta
28     x1 = width / 2 + max_length * costheta
29     y1 = height / 2 + max_length * sintheta
30     x2 = width / 2 - max_length * costheta
31     y2 = height / 2 - max_length * sintheta
32     cv2.rectangle(img, (int(width / 2-20), int(0)),
           (int(width / 2+20), int(height)), 198, -1)
33     cv2.circle(img, (int(x+width/2), int(y)), int(r), 127, -1)
34     cv2.line(img, (int(x1), int(y1)), (int(x2), int(y2)), 32, 4)
35     cv2.imshow("Simulation",img)
36 
37     ds = 0.0
38     k = cv2.waitKey(10)
39     if k==113:#q:
40         cv2.destroyAllWindows()
41         t = -1
42         break
```

```
    elif k==97:#a
        ds = 0.01
    elif k==115:#s
        ds = -0.01
    s = s + ds
```

12.5.3 制御シミュレーション

次に，制御シミュレーションの説明を行います。実行すると図 12.28 と同様の動作が**自動的に**行われて中央付近にボールが止まります。実行を終了するには「q」を入力します。なお，実行するたびにボールの位置が変わります。

制御シミュレーションのスクリプトをリスト 12.9 に示します。このスクリプトはリスト 12.8 とほぼ同じです。そこで，異なる点だけ載せました。

まず，このスクリプトでは NumPy を使うためライブラリをインポートしています。そして，毎回ボールが違う位置になるように 4 行目に示すように x の値を `np.random.randint` で `-max_length` から `max_length` の間でランダムに設定しています。無限ループの中の異なる点として，角度の更新の方法が異なります。リスト 12.8 で用いていたキー入力による角度を更新する部分を削除しました。角度の更新は 16 行目に示すように位置と速度に定数（`0.001` と `0.0004`）をかけたものとしました。この定数の設定の仕方でうまく動作したりしなかったりします。

実行すると自動的に中央付近にボールが停止します。なお，I 制御（積分制御）が入っていないため中央にぴったり止まらないことがあります。

▶リスト 12.9◀　制御シミュレーション（Python 用）：sim_PD_control.py

```
1  import numpy as np
2  
3  (リスト 12.8 と同じ)
4  x = np.random.randint(-max_length,max_length)
5  
6  while True: # 無限のループ
7  
8  (リスト 12.8 と同じ)
9  
10     k = cv2.waitKey(10)
11     if k==113:#q:
12         cv2.destroyAllWindows()
13         t = -1
14         break
15 
16     s = -x*0.001-v*0.0004
```

12.5.4　深層強化学習シミュレーション

いよいよ，深層強化学習シミュレーションの説明を行います*6。実行すると図 12.29 が表示され，自動的にレールの傾きを変えます。深層強化学習は何度も試行を繰り返しながら学習していく方法ですので，シミュレーションでは以下の２つの条件のどちらかが満たされると初期位置に戻って新たなシミュレーションが始まるようにしました。

*6　10ステップおきに図 12.29のアニメーションが表示されます。これは，毎回表示すると学習に時間がかかるためです。

- レールが一定以上傾く
- 設定したステップ数だけ動作する

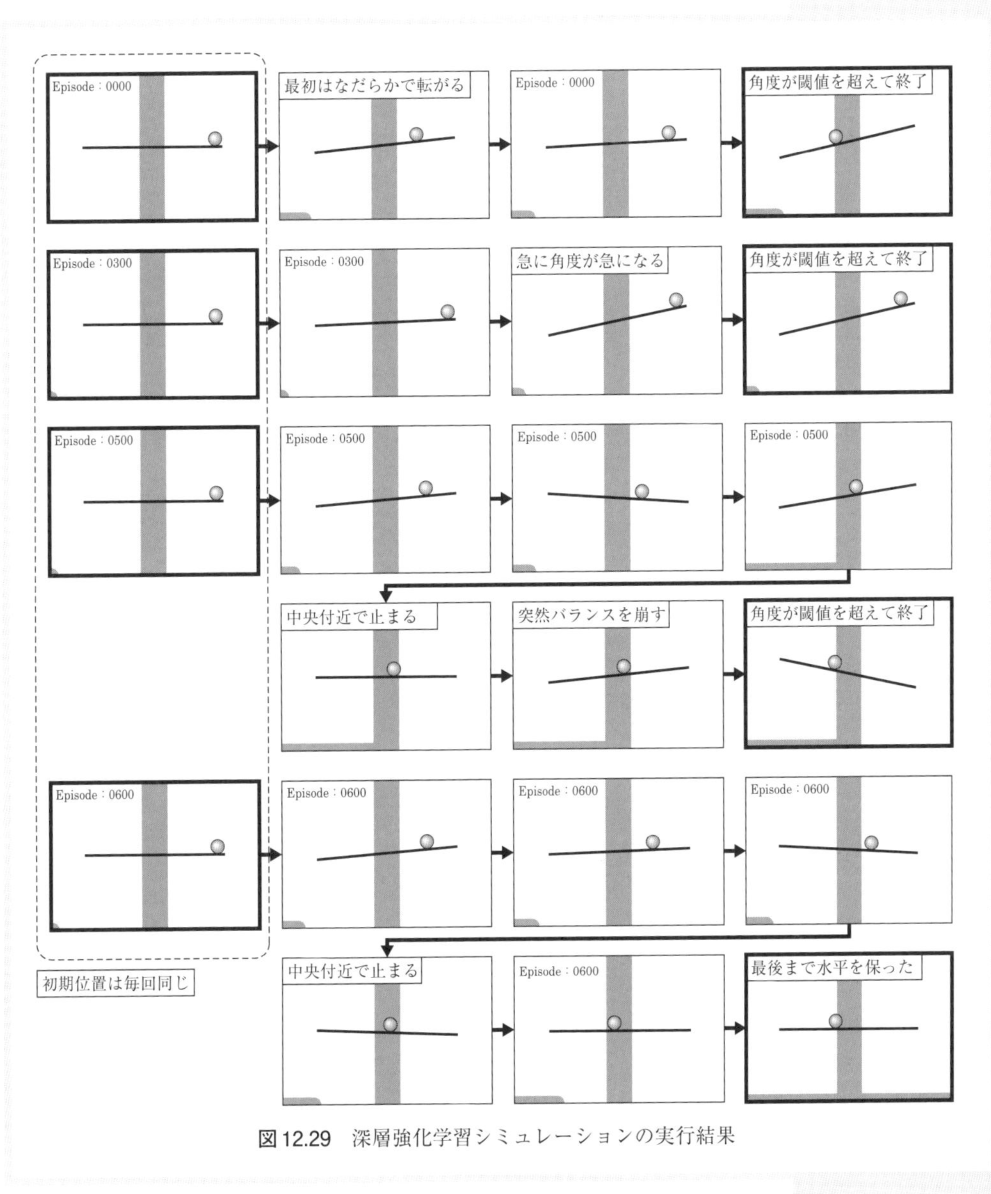

図 12.29　深層強化学習シミュレーションの実行結果

深層強化学習のシミュレーションのスクリプトをリスト 12.10 に示します。このスクリプトの深層強化学習のネットワークの部分と設定の部分はリスト 12.7 と同じですので省略しました。また，ボールの移動と表示の部分はリスト 12.8 と同じです。

▶リスト 12.10◀　深層強化学習シミュレーション（Python 用）：sim_DDQN_control.py

```

(深層強化学習の設定はリスト 12.7 と同じ)


width = 300          # Window のサイズ（横）
height = 200         # Window のサイズ（縦）
max_length = 100     # 棒の半分の長さ（左右に max_length 伸ばすため）

dt = 0.02            # 時間刻み
gravity = 9.80665    # 重力加速度
r = 10.0             # ボールの半径

theta_threshold_radians = 24 * math.pi / 360  # 24 度以上レールが傾いたら終了
x_threshold = max_length
for episode in range(num_episodes):  # 試行数分繰り返す
    reward = 0.0
    R = 0
    done = False

    s = 0.01
    x = max_length-10
    v = 0.0
    ds = 0.0

    for t in range(max_number_of_steps):  #1 試行のループ
        state = np.array((x,v,s))
        action = agent.act_and_train(state, reward)

(位置の更新はリスト 12.8 と同じ)
        if episode%10==0:
            k = cv2.waitKey(10)
            if k==113:#q:
                cv2.destroyAllWindows()
                break
(表示はリスト 12.8 と同じ)


        ds=0.0
        if action == 0:
            ds=0.01
        elif action == 1:
            ds=-0.01
        elif action == 2:
            ds=0.0
        elif action == 3:
            ds=-0.002
```

```
47          elif action == 4:
48              ds=+0.002
49          s = s + ds
50
51          done = s < -theta_threshold_radians or s >
                theta_threshold_radians
52
53          reward = 0.0
54          if not done:
55              if x>-20 and x<20:
56                  reward = 1.0
57          else:
58              reward = 0.0
59              break
60          R += reward
61
62      agent.stop_episode_and_train(state, reward, done)
63      print('Episode {}: step {}: reward {} done {},
            statistics: {}, epsilon {}'.format(episode, t, R, done,
            agent.get_statistics(), agent.explorer.epsilon))
64
65  agent.save('agent')
```


まず，5～11行目で各種パラメータの設定を行っています。これまでと異なるのは，13行目の theta_threshold_radians 変数でレールの傾きの範囲を設定している点です。

次に，15行目以降は設定したエピソードの回数だけ繰り返すループになります。16～23行目で各試行の初期値を設定しています。

そして，25行目以降は1回のエピソードで動作するステップ数のループになります。

26行目で深層強化学習の入力を設定しています。入力はボールの位置 x，ボールの速度 v，レールの角度 s の3値としました[*7]。そして，27行目で agent.act_and_train 関数の引数としてそれと報酬を用いて，次の行動を決めて action 変数に代入してます。

*7　ボールの位置とレールの角度の2値だけの場合はうまく動作しないことが多くありました。

その後，ボールの位置と速度の更新をしています。また，30行目の if 文でパソコン上にシミュレーション画面を表示する間隔を設定しています。このスクリプトは10エピソードおきにシミュレーションの動作が表示されます。表示には時間がかかるため，このようにすることで，シミュレーションの時間を早めています。なお，30行目の if 文中の %10 を %1 とすることで毎回表示されるようになります。

38～49行目で得られた次の行動に従って，角度を更新しています。

51行目で角度が閾値を超えているかどうかを調べています。

53～60行目で報酬を設定しています。54～56行目は角度が設定した閾値を超えていない場合の処理で，54行目で中央部の灰色の部分に入っているかどうかを調べています。中央部にある場合 reward 変数に 1 を設定しています。一方，57～59 行目は角度が閾値を超えている場合の処理です。この場合はエピソードを終了しています。

このように，閾値を超えたらすぐにエピソードを終わらせることで，シミュレーションの時間の短縮と効率的な学習ができます。

実行するとコンソールに以下が表示されます。左からエピソード数，終了するまでのステップ数，報酬の合計値と続きます。終了したときのステップ数とは，角度が閾値を超えたときのステップ数です。また，うまく操作が行われると角度が閾値を超えない場合があります。その場合は 1 エピソード中の最大のステップ数である 999 となります。ここでは見やすくするために，この 3 値のみを示していますが，実際にシミュレーションを行ったときには精度や誤差などの値が続きます。

```
>python sim_DDQN_control.py
Episode 0: step 157: reward 19.0
Episode 1: step 554: reward 0.0
Episode 2: step 49: reward 0.0
（中略）
Episode 300: step 35: reward 0.0
（中略）
Episode 500: step 554: reward 466.0
（中略）
Episode 598: step 999: reward 579.0
Episode 599: step 999: reward 492.0
Episode 600: step 999: reward 647.0
（後略）
```

図 12.29 には 4 つのエピソードの実行結果の画面を並べています。この挙動について図とコンソールに表示された値を合わせながら説明します。なお，このシミュレーションでは初期位置はいつも同じです。

まず，0 エピソード目に着目します。これは図 12.29 の一番上の結果です。ゆっくりレールの右側が上がり，ボールが転がっていきます。しかしながら，途中で右側が上がりすぎてレールの角度の閾値を超えるため，エピソードを終了します。中央付近を通ったため，先に示したコンソールに表示された結果より報酬の合計は 19 になります。

次に，300 エピソード目に着目します。これは同図の上から 2 番目の結果です。0 エピソード目に似ていますが，レールの右側が素早く上がり，ボールが転がる前にレールの角度が閾値を超えて試行が終了します。このときは中央付近を通らなかったので，報酬の合計は 0 となります。

500 エピソード目は同図の上から 3 番目の動作が行われます。途中でボールが中央付近に停止します。止まるときの挙動は図 12.28 と同様に左右に揺れながら止まります。その後，急にバランスを崩し，最終的には角度が閾値を超えてエピソードが終了します。いったん中央付近に止まるため，報酬の合計値が 166 と大きくなっています。

最後に，600 エピソード目に着目します。これは同図の上から 4 番目の結果です。500 エピソード目と同様に中央付近にボールが止まります。そして，シミュレーションの最後までレールが大きく傾かずに中央付近にボールを止めておくことができました。

実験ではうまくいかないこともありますので，シミュレーションでも試していただくと理解が深まると思います。

付録A Arduinoと電子パーツの購入

まずは，Arduinoを購入する必要がありますね。そのほかにも工作をするときには電子パーツが必要になります。筆者がよく使うお店を紹介しておきます。

秋月電子通商（http://akizukidenshi.com/） 電子工作に必要な部品がだいたいそろいます。
千石電商（http://www.sengoku.co.jp/） よく使う部品が豊富で，店舗ではArduino関連品が多くあります。
マルツパーツ館（http://www.marutsu.co.jp/） 定番の部品から変わった部品までとにかくたくさんあります。
共立エレショップ（http://eleshop.jp/） 部品だけでなく電子工作キットも充実しています。
若松通商（http://www.wakamatsu-net.com/biz/） ほかでは手に入りにくい変わった部品も扱っています。
スイッチサイエンス（http://www.switch-science.com/） Arduinoやその関連品の品ぞろえが豊富です。
タミヤショップオンライン（http://tamiyashop.jp/） タミヤの工作パーツが手に入ります。
ヨドバシカメラオンラインショップ（https://www.yodobashi.com/） すべてではありませんが，スイッチサイエンスや共立プロダクツの商品やタミヤの工作パーツが手に入ります。Arduinoも購入できます。
Amazon（https://www.amazon.co.jp/） ありとあらゆるものが売っています。紹介した商品の型番違いなどが多くありますので購入時は注意してください。

付録B パーツリスト

部品名	型番　　　章	4	5				6	7	8	9	10	11	12	最大必要数	秋	千	マ	共	若	ス	ヨ	A	タ
	節		1	2	3	4																	
Arduino Uno R3		1	1	1	1	1	1	1	1	1	1	1	1	1	◎	○	○	○	○	○	○	○	
抵抗 220 Ω									1					1	○	○	○	○	○	△		○	
抵抗 1 kΩ				1				5	1			1		5	○	○	○	○	○	△		○	
ボリューム 10 kΩ					1	1							1	1	◎	○	○	○	○	△		○	
押しボタンスイッチ					1			6	5	1	1			6	◎	○	○	○	○			○	
LED				1				5				1		5	◎	○	○	○	○	△		○	
フォトリフレクタ	RPR-220								1					1	◎	○	○		○			○	
距離センサー	GP2Y0A21YK												2	2	◎	○	○	○		○		○	
3 軸加速度センサー	KXR94-2050										1			1	◎								
サーボモーター（高トルク）	FS5115M												1	1						◎		○	
サーボモーター	SG-90					1				1		1		1	◎							○	
DC ジャック DIP 化キット						1				1		1	1	1	◎		○					○	
AC アダプター（5 V）						1				1		1	1	1	◎	○	○	○	○	○	○	○	
ユニバーサルアームセット	70183												1	1	○	○	○	○			○	○	○
ユニバーサルプレート（2 枚セット）	70157												1	1	○	○	○	○			○	○	○
ロングユニバーサルアームセット	70184												1	1	○	○	○	○			○	○	○
USB カメラ	UCAM-C0220FBBK									1		1		1									○

凡例　秋：秋月電子通商，千：千石電商，マ：マルツパーツ館，共：共立エレショップ，若：若松通商，ス：スイッチサイエンス，ヨ：ヨドバシカメラ，
A：Amazon，タ：タミヤオンラインショップ
◎：筆者が購入した店舗，○：販売を確認した店舗

索引

あ 行

か 行

■■■ さ 行 ■■■

■■■ た 行 ■■■

■■■ な 行 ■■■

■■■ は 行 ■■■

■■■ ま 行 ■■■

■■■ や 行 ■■■

■■■ ら 行 ■■■

【著者紹介】

牧野浩二（まきの・こうじ）　博士（工学）

学　歴　東京工業大学大学院理工学研究科機械制御システム専攻　修了
職　歴　株式会社本田技術研究所　研究員
　　　　財団法人高度情報科学技術研究機構　研究員
　　　　東京工科大学コンピュータサイエンス学部　助教
　　　　山梨大学大学院医学工学総合研究部工学域　助教
現　在　山梨大学大学院総合研究部工学域　准教授

これまでに地球シミュレータを使用してナノカーボンの研究を行い，Arduino や LEGO を使ったロボットの授業や研究を行った。マイコンからスーパーコンピュータまでさまざまなプログラム経験を持つ。最近は深層学習に興味を持ち，深層学習とマイコンを連携させたフィジカルコンピューティングを行っている。

【主な著書】

『たのしくできる Arduino 電子工作』東京電機大学出版局，2012
『たのしくできる Arduino 電子制御』東京電機大学出版局，2015
『たのしくできる Intel Edison 電子工作』東京電機大学出版局，2017
『算数&ラズパイから始めるディープ・ラーニング』共著，CQ 出版社，2018
『Python による深層強化学習入門』共著，オーム社，2018
『データサイエンス教本』オーム社，2018
『Python による Android アプリ開発入門』オーム社，2018

西﨑博光（にしざき・ひろみつ）　博士（工学）

学　歴　豊橋技術科学大学大学院工学研究科博士課程電子・情報工学専攻　修了
職　歴　山梨大学大学院医学工学総合研究部　助手
　　　　国立台湾大学電機情報学院　客員研究員
現　在　山梨大学大学院総合研究部工学域　准教授

主に，音声情報処理の研究に取り組んでおり，特に，音声認識（雑音を含む音声の音声認識）や音声検索技術を活かしたノートテイキングや技術伝承支援の研究に従事している。近年では，深層学習を用いた文字認識や生体情報処理にも興味を持ち，さまざまなメディアに対する知能情報処理の研究も行っている。

【主な著書】

『算数&ラズパイから始めるディープ・ラーニング』共著，CQ 出版社，2018
『Python による深層強化学習入門』共著，オーム社，2018

たのしくできる
深層学習＆深層強化学習による電子工作　Chainer 編

2020 年 3 月 30 日　第 1 版 1 刷発行　　ISBN 978-4-501-33380-5 C3055
2021 年 7 月 20 日　第 1 版 2 刷発行

著　者　牧野浩二・西﨑博光
© Makino Kohji, Nishizaki Hiromitsu 2020

発行所　学校法人 東京電機大学
東京電機大学出版局
〒 120-8551　東京都足立区千住旭町 5 番
Tel. 03-5284-5386（営業）03-5284-5385（編集）
Fax. 03-5284-5387　振替口座 00160-5-71715
https://www.tdupress.jp/

JCOPY ＜（社）出版者著作権管理機構 委託出版物＞
本書の全部または一部を無断で複写複製（コピーおよび電子化を含む）することは，著作権法上での例外を除いて禁じられています。本書からの複製を希望される場合は，そのつど事前に，（社）出版者著作権管理機構の許諾を得てください。また，本書を代行業者等の第三者に依頼してスキャンやデジタル化をすることはたとえ個人や家庭内での利用であっても，いっさい認められておりません。
［連絡先］Tel. 03-5244-5088，Fax. 03-5244-5089，E-mail: info@jcopy.or.jp

組版：㈲新生社　印刷：㈱ルナテック　製本：誠製本㈱　装丁：大貫伸樹
落丁・乱丁本はお取り替えいたします。　Printed in Japan

「たのしくできる」シリーズ

たのしくできる
かんたんブレッドボード電子工作

加藤芳夫著　B5判・112頁

小型のブレッドボードを使って電子工作に挑戦！　電子ローソク　温度アラーム　テルミン　クリスマスツリー飾り　ステレオアンプなどを製作

たのしくできる
ブレッドボード電子工作

西田和明 著／サンハヤト ブレッドボード愛好会 協力　B5判・160頁

ハンダコテを使わずにラクラク回路実験！　トランジスタ式導通センサ　光センサ　タッチセンサ　マイク・アンプ　早押しゲーム器　電子ルーレットなどを製作

たのしくできる
Arduino電子工作

牧野浩二著　B5判・160頁

出力処理　入力処理　シリアル通信　表示デバイスを使おう　センサーを使おう　モーターを回そう　楽器を作って演奏しよう　ゲームを作ろう　ロボットを作ろう　Arduinoを使いつくそう

たのしくできる
Arduino電子制御
Processingでパソコンと連携

牧野浩二著　B5判・264頁

データロガー　スカッシュゲーム　バランスゲーム　電光掲示板　レーダー　赤いものを追いかけるロボット　どこでも太鼓　OpenCV　Kinect　Leap Motion

たのしくできる
Arduino実用回路

鈴木美朗志 著　B5判・120頁

距離の測定　圧力レベル表示器　緊急電源停止回路　温度計　DCモータの正転・逆転・停止・速度制御　RCサーボの制御回路　曲の演奏　ライントレーサ　二足歩行ロボット

たのしくできる
PIC12F実用回路

鈴木美朗志 著　B5判・136頁

LED点灯回路　PWM制御回路　センサ回路（照度センサ・測距モジュール・圧電振動ジャイロ）　アクチュエータ回路　赤外線リモコンとロボット製作

たのしくできる
Intel Edison電子工作

牧野浩二 著　B5判・176頁

ドローンやIoTデバイスの製作において注目される Intel Edison。Intel EdisonをWi-Fiに接続してIoTデバイスを製作しよう！　遠隔栽培　ディスプレイ表示　レーダ　サーボモータ　LED

たのしくできる
Raspberry Piとブレッドボードで電子工作

加藤芳夫 著　B5判・160頁

安価なRaspberryPiとハンダのいらないブレッドボードを組み合わせていろいろな電子工作を作ろう！　デジタル時計　GPS時計　音声時計　気象観測器　LED

＊定価，図書目録のお問い合わせ・ご要望は出版局までお願いいたします。
URL　https://www.tdupress.jp/
SR-505